基于水土交融的土木、水利与海洋工程专业系列教材

刘智勇　董春雨　主编

遥感与智能空间
信息技术实习教材

中山大学出版社
SUN YAT-SEN UNIVERSITY PRESS
·广州·

图书在版编目（CIP）数据

遥感与智能空间信息技术实习教材/刘智勇，董春雨主编．—广州：中山大学出版社，2023.6

基于水土交融的土木、水利与海洋工程专业系列教材

ISBN 978 - 7 - 306 - 07786 - 8

Ⅰ.①遥…　Ⅱ.①刘…②董…　Ⅲ.①遥感技术—应用—空间信息技术—实习—高等学校—教材　Ⅳ.①P208

中国国家版本馆 CIP 数据核字（2023）第 065988 号

审图号：GS 粤（2023）504 号

出 版 人：王天琪
策划编辑：李海东
责任编辑：姜星宇
封面设计：曾　斌
责任校对：郑雪漫
责任技编：靳晓虹
出版发行：中山大学出版社
电　　话：编辑部 020 - 84110283，84110776，84111997，84110779，84110283
　　　　　发行部 020 - 84111998，84111981，84111160
地　　址：广州市新港西路 135 号
邮　　编：510275　　传　真：020 - 84036565
网　　址：http://www. zsup. com. cn　E-mail：zdcbs@ mail. sysu. edu. cn
印 刷 者：佛山家联印刷有限公司
规　　格：787mm × 1092mm　1/16　14.5 印张　355 千字
版次印次：2023 年 6 月第 1 版　2023 年 6 月第 1 次印刷
定　　价：45.00 元

目　　录

第1章　导　论 ……………………………………………………………… 1

　1.1　GIS 概述 …………………………………………………………… 1

　1.2　ArcGIS 概述 ………………………………………………………… 1

　1.3　ArcGIS 水文分析 …………………………………………………… 2

第2章　遥感实验基础和方法 ………………………………………………… 4

　2.1　遥感及其基本概念 …………………………………………………… 4

　　2.1.1　遥感的定义和系统构成 ………………………………………… 4

　　2.1.2　遥感的类型 ……………………………………………………… 4

　　2.1.3　遥感的应用 ……………………………………………………… 5

　2.2　卫星遥感传感器介绍 ………………………………………………… 6

　　2.2.1　遥感影像特征 …………………………………………………… 6

　　2.2.2　常见卫星遥感传感器 …………………………………………… 8

　2.3　遥感图像处理平台 …………………………………………………… 9

　　2.3.1　ENVI 软件介绍和安装 ………………………………………… 9

　　2.3.2　R 语言的介绍和安装 …………………………………………… 14

　　2.3.3　遥感云计算平台 ………………………………………………… 18

　本章参考文献 ……………………………………………………………… 19

第3章　水环境遥感实验 ……………………………………………………… 21

　3.1　水环境遥感简介 ……………………………………………………… 21

　3.2　实验区介绍 …………………………………………………………… 21

　　3.2.1　实验区基本情况 ………………………………………………… 21

　　3.2.2　环境一号卫星数据简介 ………………………………………… 21

　3.3　卫星数据准备和预处理 ……………………………………………… 23

　　3.3.1　导入卫星数据 …………………………………………………… 23

　　3.3.2　卫星数据预处理 ………………………………………………… 24

　　3.3.3　提取太湖水域范围 ……………………………………………… 32

　3.4　水体叶绿素 a 浓度反演 ……………………………………………… 38

　　3.4.1　波段计算 ………………………………………………………… 38

　　3.4.2　曲线拟合建模 …………………………………………………… 41

本章参考文献 ·················· 46

第4章　植被遥感实验 ·················· 47

4.1　植被遥感简介 ·················· 47

4.2　常用遥感植被指数 ·················· 47

4.3　实验区和数据介绍 ·················· 49

    4.3.1　实验区基本情况 ·················· 49

    4.3.2　实验数据简介 ·················· 49

4.4　植被指数计算 ·················· 50

4.5　NDVI 的时间序列回归分析 ·················· 53

本章参考文献 ·················· 55

第5章　ArcGIS 基本操作 ·················· 56

5.1　ArcMap 基础 ·················· 56

    5.1.1　新地图文件创建 ·················· 56

    5.1.2　数据导入 ·················· 57

    5.1.3　数据保存 ·················· 60

5.2　创建 Shapefile 文件 ·················· 61

    5.2.1　创建新 Shapefile 表和 dBASE 表 ·················· 62

    5.2.2　添加与删除属性 ·················· 64

    5.2.3　创建与更新索引 ·················· 66

第6章　空间数据基础处理 ·················· 68

6.1　投影变换 ·················· 68

    6.1.1　定义投影 ·················· 68

    6.1.2　投影变换 ·················· 70

    6.1.3　数据变换 ·················· 71

6.2　数据裁剪 ·················· 73

    6.2.1　矢量数据裁剪 ·················· 73

    6.2.2　栅格数据裁剪 ·················· 73

6.3　数据提取 ·················· 75

    6.3.1　矢量数据提取 ·················· 75

    6.3.2　栅格数据提取 ·················· 77

6.4　数据拼接 ·················· 78

    6.4.1　矢量数据拼接 ·················· 78

    6.4.2　栅格数据拼接 ·················· 82

第7章 空间数据基础分析 ………………………………………………… 84

7.1 矢量数据空间分析 ………………………………………………… 84

　7.1.1 缓冲区分析 ………………………………………………… 84

　7.1.2 叠置分析 …………………………………………………… 90

7.2 空间插值分析 ……………………………………………………… 97

　7.2.1 反距离加权插值 …………………………………………… 97

　7.2.2 全局性插值 ……………………………………………… 105

　7.2.3 径向基函数插值 ………………………………………… 107

　7.2.4 克里金插值 ……………………………………………… 111

本章参考文献 ……………………………………………………… 116

第8章 地图编制 ……………………………………………………… 117

8.1 数据准备 ………………………………………………………… 117

8.2 制图 ……………………………………………………………… 119

　8.2.1 图幅尺寸设置 …………………………………………… 119

　8.2.2 调整布局 ………………………………………………… 120

　8.2.3 创建经纬网 ……………………………………………… 123

　8.2.4 添加标题 ………………………………………………… 128

　8.2.5 添加图例 ………………………………………………… 129

　8.2.6 添加指北针 ……………………………………………… 133

　8.2.7 添加比例尺 ……………………………………………… 134

8.3 导出地图 ………………………………………………………… 135

第9章 填洼与汇流量计算 …………………………………………… 138

9.1 填洼处理 ………………………………………………………… 138

　9.1.1 水流方向提取 …………………………………………… 138

　9.1.2 洼地计算 ………………………………………………… 140

　9.1.3 洼地填充 ………………………………………………… 147

9.2 汇流累积量 ……………………………………………………… 149

　9.2.1 计算无洼地 dem 的水流方向 ………………………… 149

　9.2.2 计算汇流累积量 ………………………………………… 150

9.3 水流长度 ………………………………………………………… 151

第10章 河网生成与集水区划分 ……………………………………… 154

10.1 生成河网 ………………………………………………………… 154

　10.1.1 基于汇流量生成河网 …………………………………… 154

　10.1.2 常见报错及处理方法 …………………………………… 157

10.2 河网分级 ………………………………………………………… 157

10.3　流域分割 ·· 160
　　10.3.1　流域盆地的确定 ·· 160
　　10.3.2　汇水区出水口的确定 ··· 161
　　10.3.3　集水流域的生成 ·· 161
　本章参考文献 ·· 162

第11章　面状水系提取与水库容量计算 ···························· 163
　11.1　提取面状水系 ·· 163
　　11.1.1　坡度分析 ··· 163
　　11.1.2　重分类 ·· 165
　　11.1.3　提取面状水系 ·· 167
　11.2　淹没区与水库库容计算 ·· 168
　　11.2.1　集水区的确定 ·· 168
　　11.2.2　淹没区的确定 ·· 170
　　11.2.3　库容计算 ··· 171

第12章　土地利用数据库的建立 ···································· 173
　12.1　SWAT安装 ··· 173
　　12.1.1　下载SWAT模型安装包 ·· 173
　　12.1.2　安装SWAT模型 ··· 174
　12.2　土地利用数据重分类 ·· 175
　　12.2.1　导入土地利用数据 ··· 176
　　12.2.2　土地利用数据重分类 ··· 176
　　12.2.3　导出重分类后的土地利用数据 ·································· 178
　12.3　制作土地利用索引表 ·· 178
　本章参考文献 ·· 179

第13章　土壤数据库的建立 ··· 180
　13.1　数据准备 ··· 180
　　13.1.1　导出黄土高原土壤类型属性表 ·································· 180
　　13.1.2　导出SWAT土壤数据库属性表 ································· 183
　　13.1.3　土壤数据的整理 ·· 184
　13.2　土壤的重分类 ·· 186
　　13.2.1　计算土地类型占比 ··· 186
　　13.2.2　土壤重分类 ·· 187
　13.3　计算土壤属性 ·· 189
　　13.3.1　土壤属性参数解释 ··· 189
　　13.3.2　计算TEXTURE、SOL_BD、SOL_AWC、SOL_K ··········· 190

13.3.3　水文分组 HYDGRP 的计算 ················· 193

　　　13.3.4　计算 USLE_K1 可蚀性因子 ················· 193

　　　13.3.5　导入土壤数据库 ···················· 193

　　13.4　建立土壤类型索引表 ···················· 198

　　本章参考文献 ························· 199

第 14 章　流域水文响应单元的划分 ················· 200

　　14.1　流域划分 ························· 200

　　　14.1.1　创建 SWAT 工程 ···················· 200

　　　14.1.2　DEM 设置 ······················ 201

　　　14.1.3　定义河网 ······················ 202

　　　14.1.4　流域出口的指定与子流域的划分 ············· 205

　　　14.1.5　计算子流域参数 ···················· 207

　　14.2　SWAT 中水文响应单元（HRU）的划分 ·········· 207

　　　14.2.1　统一坐标系 ····················· 208

　　　14.2.2　土地利用数据定义 ··················· 210

　　　14.2.3　土壤数据定义 ···················· 213

　　　14.2.4　坡度定义 ······················ 217

　　14.3　水文相应单元划分定义 ··················· 218

第1章 导 论

1.1 GIS 概述

地理信息系统（geographic information system，GIS）是一门集地理学、地图学、遥感、计算机等于一体的综合性学科技术，是通过计算机软件和硬件的支持，对地理数据进行采集、输入、储存、管理、运算、分析、显示和描述的技术系统，其本质是运用系统工程和信息科学理论对具有空间内涵的地理数据进行科学管理和综合分析的空间信息系统。简而言之，GIS 是一种基于计算机且能够对空间信息进行成图和分析的工具，其成功地将地图视觉化效果和地理分析功能与一般的数据库操作（例如查询和统计分析等）进行了集成。地理信息系统的发展主要经历了 4 个阶段：20 世纪 60 年代的初始发展阶段、70 年代的发展巩固阶段、80 年代的推广应用阶段，以及 90 年代以来的蓬勃发展阶段。随着地理信息产品的出现和数字化信息产品在全世界的普及，GIS 已经逐渐渗透到各行各业，成为规划、管理、决策和研究不可缺少的工具和助手。

此外，GIS 也通常被认为是一种决策支持系统，具有信息系统的一般特点，可以通过管理、分析、通信等方法对复杂图案进行识别，实现空间建模和数据挖掘。其主要组成部分有硬件系统、软件系统、地理空间数据和人员（系统开发人员、管理人员与使用者）。其中，最核心的部分为硬件和软件系统，内容则由空间数据库进行反映，而管理人员和使用者决定了 GIS 系统的工作方式和表达方式。GIS 的主要功能有数据采集与编辑、数据存储与管理、制图、空间数据处理与分析、地理信息应用以及二次开发与编程。

地理空间数据是 GIS 系统的基础组成部分，也是 GIS 软件的直接操作对象，GIS 系统主要围绕地理空间数据的采集、加工、存储、分析和表现进行展开。在数据结构上，GIS 主要有矢量和栅格两种数据形式。基于栅格模型的数据结构简称为栅格数据结构，是将空间分割成有规则的网格并在各个网格上给出相应的属性值，从而实现对地理实体进行表示的一种数据组织形式，其本质是像元阵列，每个像元由行列确定其位置并有相应的属性值。矢量数据是 GIS 中另一种基本数据结构，其特点是通过记录对象的边界来表达空间对象，可以通过记录坐标的方式将点、线和面等地理实体精确地表现出来。

1.2 ArcGIS 概述

地理信息除通过数字对空间信息进行记录之外，还需要基于合适的软件对空间信息进行表达。此外，地理信息数据库的建立也需要通过合适的软件将地理数据信息化表示。据此，美国环境系统研究所（Environment System Research Institute，ESRI）自 1978 年以来，相继推出了多个版本系列的 GIS 软件，供不同用户和机型选择。20 世纪 90 年代以来，ESRI 在全面整合 GIS 与数据库、软件工程、人工智能、网络技术及其他多方面的计算机主流技术之后，成功推出了代表 GIS 高技术水平的全系列 ArcGIS 产品。在常见的 GIS 系统中，ESRI 的 ArcGIS 凭借其强大的分析能力占据了大量市场，成为全世界用户群体最大、应用领域最广泛的 GIS 软件平台。ArcGIS 作为世界领先的 GIS 构建和应用平台，已将地理知识应用到政府、企业、科技、教育和媒体领域。

ArcGIS 可提供收集、组织、管理、分析、交流和发布地理信息的功能。其主要包括数据、服务器 ArcSDE（ArcGIS 的空间数据引擎）及 4 个应用基础框架——Desktop GIS（桌面软件）、Embedded GIS（嵌入式 GIS）、Server GIS（服务器 GIS）和 Mobile GIS（移动 GIS）。此外，ArcGIS 基础模块主要由 ArcMap、ArcCatalog 和 Geoprocessing 组成。ArcMap 是 ArcGIS 桌面系统的核心应用程序，用于显示、查询、编辑和分析地理数据；ArcCatalog 是空间数据资源管理器，用于定位、浏览、搜索、组织和管理空间数据，还可以用来创建和管理数据库以及定制和应用元数据，从而简化用户组织、管理和维护数据的工作；Geoprocessing 是一种强大的空间数据处理和分析工具，是地理数据处理和空间分析处理的总称，它主要包括 ArcToolbox（空间处理工具总集）和 ModelBuilder（可视化建模工具）。

1.3　ArcGIS 水文分析

数字高程模型（digital elevation model，DEM）是基于有限的地形高程数据，通过一组有序数值阵列形式对地面地形进行数字化表达的模型。基于 DEM 所生成的集水流域和水流网络，是大多数地表水文分析模型的主要输入数据，也是水文分析的重要组成部分。ArcGIS 提供的水文分析模块可在 ArcToolbox 里进行查找，包括水流地表模拟过程中的水流方向确定、洼地填平、水流累计矩阵的生成、沟谷网络的生成以及流域的分割等部分。通过对这些基本水文因子的提取和基本水文分析，可以在 DEM 表面再现水流的流动过程，最终完成水文分析过程。因此，基于 DEM，通过 ArcGIS 水文分析模块能够建立地表水的运动模型，以此辅助分析地表水流的产流、汇流，再现水流流动过程，有助于了解地表水流的一些基本概念和关键过程。本书将详细介绍基于 ArcGIS 的基本操作与水文分析。

此外，SWAT（Soil and Water Assessment Tool）也可基于 DEM 对流域地表进行水文分析，且具有较好的物理基础，能够有效协助水资源管理。SWAT 是基于 GIS 的一种分布式流域水文模型，其通过利用遥感和地理信息系统提供的空间信息，模拟多种不同的水文物理化学过程。在进行模拟时，SWAT 首先基于 DEM 将流域划分为一定数目的子流域，其中子流域的划分可以根据河流所需要的最小集水面积来调整，还可以通过增减子流域出口数量进行调整。在子流域的基础上，再对每一个子流域进行水文响应单元（hydrological response unit，HRU）划分，以便提高水文模拟精度。

ArcGIS 提供的水文分析模块与基于 GIS 的 SWAT 两者皆可实现地表水文分析，但前者侧重于在理解地表水流关键过程和原理的基础上获取水文信息，后者倾向于从 DEM 数据上快速获取更多的水文信息。两者都可通过 ArcGIS 和 DEM 实现对流域水文的分析和研究，对理解和深入学习相关水文分析具有十分重要的意义。

第 2 章　遥感实验基础和方法

2.1　遥感及其基本概念

2.1.1　遥感的定义和系统构成

遥感即"遥远的感知"。广义的遥感指在不直接接触物体的前提下，通过间接媒介的方式获取物体的信息；狭义的遥感指通过传感器等电磁波敏感仪器，在不直接接触物体的前提下，获得其辐射、反射、散射的电磁波信息[1]。

遥感系统主要有 5 个组成部分，分别是传感器、遥感平台、遥感介质、遥感数据处理中心、遥感应用（图 2.1），其核心是获取或识别物体信息的传感器。传感器的主要功能为感知或捕捉物体辐射、反射、散射的电磁波；遥感平台的功能即搭载传感器；遥感介质即电磁波，不同类型的地物具有反射或辐射不同波长电磁波的特性，遥感正是利用电磁波作为介质来探测地面目标物的理化特征；而由于遥感影像数据量庞大，因此需要经过遥感数据处理中心解译后再存储、发布数据；最后发布相关遥感影像数据到用户端，用户根据需求进行处理和分析即遥感应用。

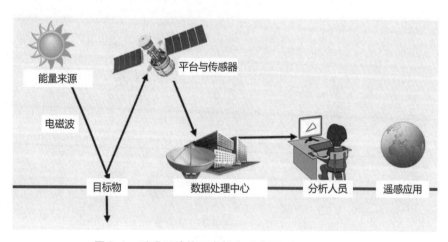

图 2.1　遥感系统的组成部分（来源：byjus.com）

2.1.2　遥感的类型

遥感系统通常可以按照传感器的搭载平台、传感器的工作波段、传感器的工作方式，以及遥感应用领域等进行分类（表 2.1）。

表2.1　遥感系统的分类依据及类别

分类依据	类别
传感器的搭载平台	航天遥感（卫星遥感）、航空遥感、地面遥感
传感器的工作波段	紫外遥感、可见光遥感、红外遥感、微波遥感、多光谱遥感
传感器的工作方式	主动遥感、被动遥感
应用领域	水文遥感、环境遥感、大气遥感等

根据传感器搭载平台的类型，遥感可以划分为航天遥感（卫星遥感）、航空遥感和地面遥感，常说的天—空—地观测也是指这三类观测方式的结合。

航天遥感主要包括传感器搭载于人造卫星、航天飞机、太空空间站等环地球航天器或对地静止卫星上的遥感系统；航空遥感主要指由飞机、气球搭载传感器以获取局部范围地面信息的遥感系统；近地遥感通常是指搭放传感器的平台高度低于 100 m，如车、船、观测架或建筑物等的遥感系统，如延时摄影相机、通量塔等都属于近地遥感。

不同类别的遥感系统距地距离不同，其可观测的范围以及影像空间精细程度也不同。航天遥感的观测范围大，一般可用于全球观测，但其影像精细度相对不高，且存在一定误差；航空遥感用于区域观测中，其精度也较高；地面站点观测的方式精度最高，但涉及范围较小，常常用于校正或验证卫星遥感数据的精确度。

依据传感器探测的不同波长范围，遥感类型可分为紫外遥感（波长 0.05～0.38 μm）、可见光遥感（波长 0.38～0.76 μm）、红外遥感（波长 0.76～1000 μm）、微波遥感（波长 1 mm～10 m）和多光谱遥感（多种波段组合）。多光谱传感器是指具有多个光谱波段的多通道探测器，每一个通道对一个狭窄波段的辐射敏感，由此生成一个包含被观察目标亮度和光谱的多层遥感影像。

光学遥感传感器的工作方式主要是接收目标物反射的太阳辐射或吸收后再发射的太阳辐射。这种以太阳作为能量或辐射来源的遥感系统可统称为无源传感器，其工作方式可定义为被动遥感。与被动遥感相对应的是主动遥感。主动遥感的传感器通常可以发射电磁波或提供辐射源，亦称为有源传感器，通过探测目标物反射的辐射来获取有效信息；这类遥感的优势在于可随时获取目标物的测量值，不受时间和气候影响，并且可探测太阳所不能提供的波长，例如微波。

而根据遥感应用领域划分的遥感类别，有环境遥感、大气遥感、水文遥感、农业遥感、地质遥感等。

2.1.3　遥感的应用

遥感观测资料可以生成海量的数据，多源遥感数据的联用可集合更长的观测时间。①卫星数据可以用于监测气候变化和人类活动引起的地表变化，如监测全球绿化趋势、全球城市化进程、地震灾后情况等[2,3]。②卫星数据也被用作各个模型的输入数据，驱动数学模型（包括水文模型、地球观测模型、生态模型、气候天气模型等）用于预测和决策；这些数据模型生产的相关数据，也可以用遥感数据进行验证对比[4]。③遥感数据还可以用于数值模型的同化，数据同化方法通过迭代匹配模型模拟值与卫星数据来调整参数，使得模型模拟结果接近卫星观测数据[5]。

但目前的卫星数据由于传感器退化、大气干扰等多种因素，其精确性较差，因此有时需要用地面观测站点数据对遥感数据进行校正或验证，以生产高质量的定量遥感数据，进一步用于环境监测、数值模型驱动和数据同化等。

2.2　卫星遥感传感器介绍

2.2.1　遥感影像特征

衡量传感器的指标有很多，如使用年限、分辨率、线性度等指标。分辨率是其中对于光学遥感最为重要的指标，主要包括时间分辨率（temporal resolution）、空间分辨率（spatial resolution）、光谱分辨率（spectral resolution）、辐射分辨率（radiometric resolution）4 个指标，同时它们也是光学遥感影像的主要特征[6]。时间分辨率：对同一目标进行观测时，遥感系统获取的相邻两次观测数据的最短时间间隔。时间分辨率与搭载的遥感平台有密切关系。空间分辨率：在传感器获得的图像中，相邻两个地物目标的最小距离。空间分辨率越高，可以越清晰地区别地物差异（图 2.2）。光谱分辨率：在探测目标物体电磁波时，能分辨的最短波长距离，以及传感器的波段数目。不同的光谱波段可以应用于不同的领域，近红外波段可用于植被检测，热红外波段可用于探测地表热泉（图 2.3）。辐射分辨率：遥感传感器能够识别目标物体辐射能量变化的能力，也即传感器对辐射能量变化进行探测的灵敏度。辐射分辨率越高，表示遥感传感器对地物反射或发射辐射能量的微小变化的观测能力越强。

受到卫星轨道和储存数据量的限制，以上 4 种指标之间存在博弈与权衡，即同一个遥感系统很难同时具备高空间分辨率、高时间分辨率、高光谱分辨率和高辐射分辨率。通常，空间分辨率越高，时间和光谱分辨率越低；反之，时间分辨率越高，空间和光谱分辨率越低。根据观测和研究的地物对象不同，应选择具有相应分辨率特征的遥感数据。常见光学遥感传感器的空间、时间、光谱和辐射分辨率参数如图 2.4 所示。

Aqua (MODIS)
250 m 分辨率

Landsat-8
30 m 分辨率

Sentinel-2
10 m 分辨率

PlanetScope (Dove)
3 m 分辨率

Pleiades
0.5 m 分辨率

Worldview-4
0.3 m 分辨率

图2.2　伦敦温布尔登网球馆附近不同空间分辨率的卫星影像
（来源：Radiant Earth Insights）

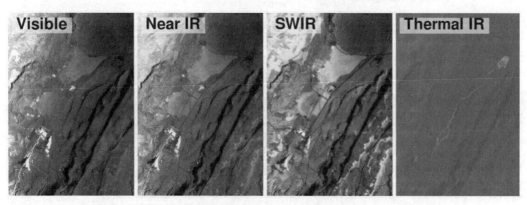

图2.3　冰岛奈斯亚威里尔地热发电厂附近不同光谱波段的卫星影像
（来源：all-geo.org）

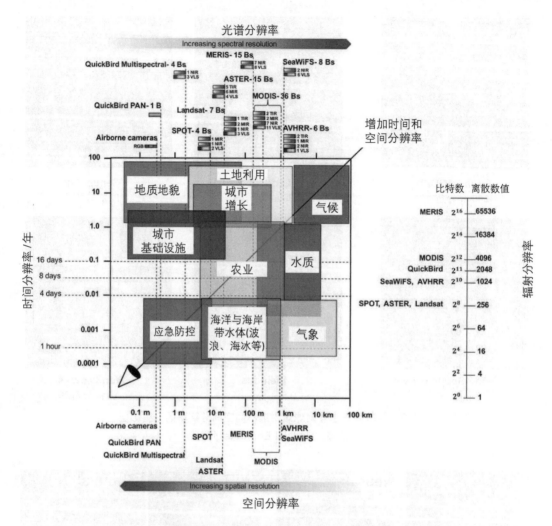

图2.4 常见光学遥感传感器的空间、时间、光谱和辐射分辨率[7]

2.2.2 常见卫星遥感传感器

近年来，卫星发射技术发展迅速，以美国、欧洲和中国为主开展了一系列卫星计划。表2.2对常见卫星传感器及其参数进行了介绍。

表2.2　常见卫星传感器及其参数

分类	传感器	光谱波段	空间分辨率/m	时间分辨率/d	时间范围
粗分辨率 （＞1000 m）	POLDER	B1～B9	6000×7000	4	POLDER 1： 1996.10～1997.6 POLDER 2： 2003.4～2003.10
中分辨率 （100～1000 m）	MODIS	B1～B2	250	1	1999 年至今
		B3～B7	500		
		B8～B36	1000		
	AVHRR	B1～B5	1100	1	
高分辨率 （5～100 m）	ASTER	B1	8		
		B2～B9	8		
		B11～B14	12		
	ETM＋/ Landsat7	Pan	15	16	1999 年至今
		B1～B5，B7	30		
		B6	60		
	HRV/ SPOT5	Pan	2.5 或 5	26/2.4	2002 年至今
		B1～B3	10		
		SWIR	20		
	高分一号	全色波段	2	4	2013 年至今
		多光谱波段	8		
超高分辨率 （＜5 m）	IKONOS	全色波段	0.82	3	1999 年至今
		B1～B4	3.2		
	QuickBird	Pan	0.61	1～3.5	2001 年至今
		B1～B4	2.44		
	Worldview	Pan	0.5	1.7～5.9	2007 年至今
	GeoEye－1	Pan	1.41	2.1～8.3	2008 年至今
		B1～B4	1.65		
	高分二号	全色波段	0.81	5	2014 年至今
		多光谱波段	3.24		

2.3　遥感图像处理平台

2.3.1　ENVI 软件介绍和安装

ENVI（The Environment for Visualizing Images）和交互式数据语言 IDL（Interactive Data Language）是美国 ITT VIS（ITT Visual Information Solutions）公司的旗舰产品，是

一个对各种类型的数字图像进行可视化、分析和展示的遥感影像处理软件系统。ENVI 软件的图像处理软件包具有算法技术先进、软件包数量庞大且操作简便的优点。ENVI 图像处理技术涵盖了光谱工具、几何校正、地形分析、雷达分析、栅格和矢量 GIS 功能，广泛支持各种来源的遥感图像。ENVI 软件已经广泛应用于科研、环保、农业、林业、气象、水利、海洋、测绘等领域。

ENVI 软件安装步骤如下：

（1）在下载的安装文件中双击"IDL_ENVI53SP1win64.exe"后，弹出一个需要管理员权限的提示框，点击"是（Y）"即开始解压软件包（图2.5）。

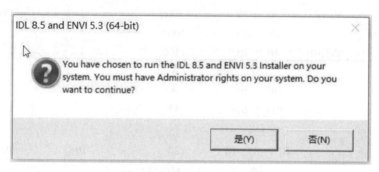

图2.5　管理员权限选择

（2）自动解压软件包（图2.6）。

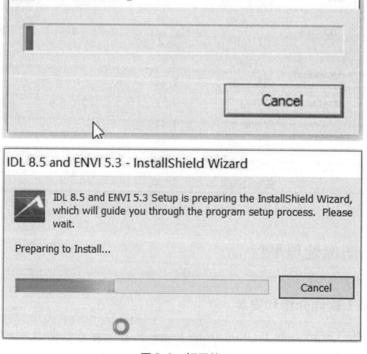

图2.6　解压缩

（3）在弹出的欢迎窗口中点击"Next"，随后安装程序会弹出有关许可协议的界面，这里选择"同意条款"（I accept the terms of the license agreement），随后点击"Next"（图2.7）。

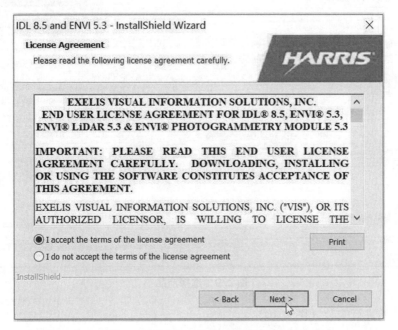

图2.7　许可协议选择

（4）选择安装路径，路径选择好后点击"Next"（图2.8）。

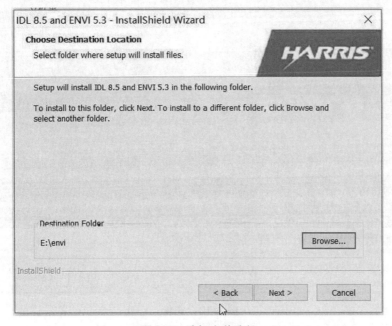

图2.8　选择安装路径

（5）选择所需安装的产品，点击"Next"（图2.9）。

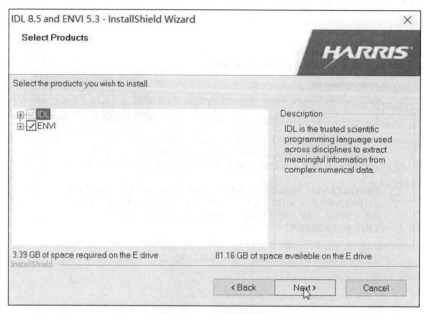

图2.9　选择产品

（6）开始进行安装（图2.10）。

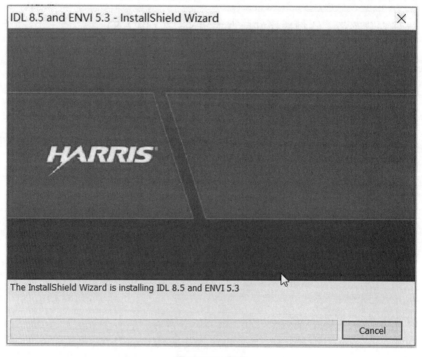

图2.10　安装

（7）在弹出的许可证向导界面中点击"是（Y）"（图2.11）。

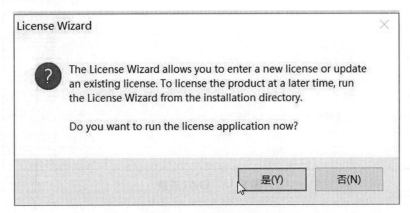

图2.11 允许许可证向导

（8）选择软件激活的许可证，点击"Next"完成软件激活（图2.12）。

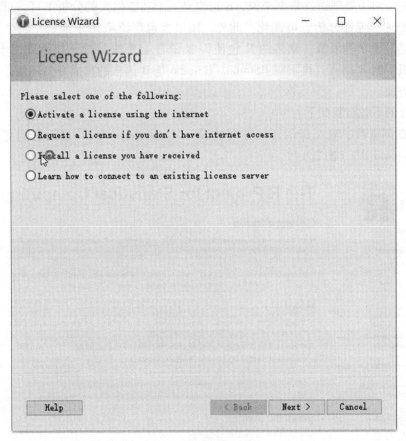

图2.12 选择许可证

（9）安装完毕，启动 ENVI 软件（图2.13）。

图 2.13　ENVI 界面

2.3.2　R 语言的介绍和安装

　　R 语言是一种免费且开源的程序语言，是为统计和数据分析专门设计的，与操作系统兼容较好。对于处理遥感数据来说，R 语言是一个功能强大的分析工具，可对遥感数据进行预处理、统计分析、可视化。此外，R 语言也广泛应用于经济学、生态学、医学、生物学、化学等领域。众多的 R 包使得 R 语言上手快，对于新手来说十分友好。先在计算机下载 R 语言，再下载 RStudio。RStudio 是 R 语言的集成开发环境，可使用户使用更加方便。

　　R 语言的下载步骤如下：

　　（1）在浏览器中输入 R 语言官方网址（www. r-project. org），进入官网主页，然后点击"download R"（图 2.14）。

图 2.14　进入 R 语言官网下载主页

（2）选择镜像下载地址，里面有各个国家和地区的镜像下载地址，找到"China"。一般选择距离自己所在地较近的地区进行下载，通常距离越近网络越好（图 2.15）。

https://mirror.rcg.sfu.ca/mirror/CRAN/	Simon Fraser University, Burnaby
https://muug.ca/mirror/cran/	Manitoba Unix User Group
https://cran.utstat.utoronto.ca/	University of Toronto
https://mirror.csclub.uwaterloo.ca/CRAN/	University of Waterloo
Chile	
https://cran.dcc.uchile.cl/	Departamento de Ciencias de la Computación, Universidad de Chile
China	
https://mirrors.tuna.tsinghua.edu.cn/CRAN/	TUNA Team, Tsinghua University
https://mirrors.bfsu.edu.cn/CRAN/	Beijing Foreign Studies University
https://mirrors.pku.edu.cn/CRAN/	Peking University
https://mirrors.ustc.edu.cn/CRAN/	University of Science and Technology of China
https://mirror-hk.koddos.net/CRAN/	KoDDoS in Hong Kong
https://mirrors.e-ducation.cn/CRAN/	Elite Education
https://mirrors.lzu.edu.cn/CRAN/	Lanzhou University Open Source Society
https://mirrors.nju.edu.cn/CRAN/	eScience Center, Nanjing University
https://mirrors.sjtug.sjtu.edu.cn/cran/	Shanghai Jiao Tong University
https://mirrors.sustech.edu.cn/CRAN/	Southern University of Science and Technology (SUSTech)
https://mirrors.nwafu.edu.cn/cran/	Northwest A&F University (NWAFU)
Costa Rica	
https://mirror.uned.ac.cr/cran/	Distance State University (UNED)
Cyprus	
https://mirror.library.ucy.ac.cy/cran/	University of Cyprus
Czech Republic	
https://mirrors.nic.cz/R/	CZ.NIC, Prague

图 2.15　选择镜像下载地址

（3）根据电脑操作系统选择具体安装环境。本书使用 Windows 操作系统，故选择第三个"Download R for Windows"（图 2.16）。

The Comprehensive R Archive Network

CRAN
Mirrors
What's new?
Search

About R
R Homepage
The R Journal

Software
R Sources
R Binaries
Packages
Task Views
Other

Documentation
Manuals
FAQs
Contributed

Download and Install R

Precompiled binary distributions of the base system and contributed packages, **Windows and Mac** users most likely want one of these versions of R:

- Download R for Linux (Debian, Fedora/Redhat, Ubuntu)
- Download R for macOS
- Download R for Windows

R is part of many Linux distributions, you should check with your Linux package management system in addition to the link above.

Source Code for all Platforms

Windows and Mac users most likely want to download the precompiled binaries listed in the upper box, not the source code. The sources have to be compiled before you can use them. If you do not know what this means, you probably do not want to do it!

- The latest release (2022-04-22, Vigorous Calisthenics) R-4.2.0.tar.gz, read what's new in the latest version.
- Sources of R alpha and beta releases (daily snapshots, created only in time periods before a planned release).
- Daily snapshots of current patched and development versions are available here. Please read about new features and bug fixes before filing corresponding feature requests or bug reports.
- Source code of older versions of R is available here
- Contributed extension packages

图 2.16　选择安装环境

（4）第一次安装 R 语言即点击"install R for the first time"或"base"（图 2.17），后续需要安装 R 包时，再点击"Rtools"。

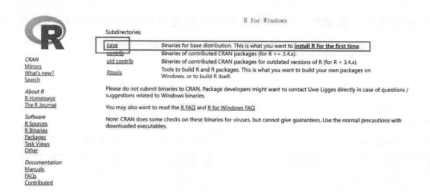

图 2.17 安装包类型选择

（5）点击"Download R-4.2.0 for Windows"，即完成下载 R 语言。然后点击 R 语言本地安装包，首先选择语言，一般选择中文；阅读用户安装说明；选择安装的位置，建议安装在系统盘；选择用户安装内容，3 个均勾选；选择附加任务，后点击"下一步"即可安装成功（图 2.18）。

图 2.18 安装 R 语言过程

RStudio 是 R 语言的集成开发环境，其目的是方便用户使用 R 语言，便于用户存储数据和开发应用。RStudio 的下载步骤如下：

（1）输入 RStudio 官方下载网址（https：//www. rstudio. com/products/rstudio/download/），下拉并选择"RStudio Desktop Free"版本，点击"DOWNLOAD"（图 2. 19）。

editor that supports direct code execution, and a variety of robust tools for plotting, viewing history, debugging and managing your workspace.

LEARN MORE ABOUT THE RSTUDIO IDE

RStudio's recommended professional data science solution for every team. RStudio Team is a bundle of RStudio's popular professional software for data analysis, package management, and sharing data products.

Learn more about RStudio Team

RStudio Desktop	RStudio Desktop Pro	RStudio Server	RStudio Workbench
Open Source License	Commercial License	Open Source License	Commercial License
Free	$995	Free	$4,975
	/year		/year
			(5 Named Users)
DOWNLOAD	BUY	DOWNLOAD	BUY
Learn more	Learn more	Learn more	Evaluation | Learn more

图 2. 19　选择下载版本

（2）RStudio 提供了 Windows 64 位版本下载链接，若计算机操作系统是其他系统，则需要点击下拉菜单寻找匹配操作系统的下载链接（图 2. 20）。

RStudio Desktop 2022.02.3+492 - Release Notes

1. Install R.　RStudio requires R 3.3.0+ .

2. Download RStudio Desktop.　Recommended for your system:

> **DOWNLOAD RSTUDIO FOR WINDOWS**
> 2022.02.3+492 | 177.26MB

Requires Windows 10/11 (64-bit)

All Installers

Linux users may need to import RStudio's public code-signing key prior to installation, depending on the operating system's security policy.

RStudio requires a 64-bit operating system. If you are on a 32 bit system, you can use an older version of RStudio.　Windows 32位操作系统

图 2. 20　选择操作系统

（3）打开本地 RStudio 安装包，根据安装包指引即可安装 RStudio。RStudio 界面如图 2.21 所示。

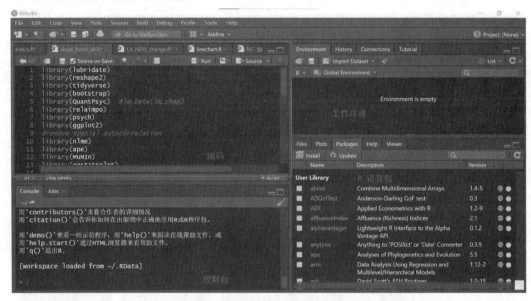

图 2.21　RStudio 界面

2.3.3　遥感云计算平台

除了以上本地计算平台，目前正在大力发展的遥感云计算平台是一种新兴的遥感数据处理方式。遥感云计算即指无须下载遥感数据，运算不必占用本地内存，在云端即可完成数据调用、数据运算、分析结果等相关步骤。其中，国产遥感云计算平台以 PIE Engine 为主，国外云计算平台以谷歌地球数据引擎（Google Earth Engine，GEE）为主。表 2.3 介绍了国内外主流遥感云计算平台及其特点，相对于其他遥感云计算平台，谷歌地球数据引擎发展相对成熟，应用案例丰富。

表 2.3　主流遥感云计算平台及其特点

遥感云计算平台名称	网站地址	特点
谷歌地球数据引擎	https：//developers. google. com/earth-engine/	应用案例丰富，数据众多，发展相对成熟
微软行星计算机	https：//planetarycomputer. microsoft. com/	数据众多，但应用案例少
PIE Engine	https：//engine. piesat. cn/	国产数据平台，集合国内卫星数据，潜力大
阿里云 华为云 腾讯云	https：//cn. aliyun. com/ https：//www. huaweicloud. com/ https：//cloud. tencent. com/	商业合作平台，可提供人口热度数据等

谷歌地球数据引擎（https：//developers. google. com/earth-engine/datasets/）是一款拥有超 PB 级数据的行星尺度遥感云计算平台，被运用于全球干旱监测、火灾监测、气候变化监测、水资源管理等方面。其特点是全球尺度分析、海量数据储存、云端计算[8]。一方面，GEE 不仅存储了包括 MODIS、Landsat、Sentinel 等常用卫星数据，还包括国家农业航空影像（National Agriculture Imagery Program，NAIP）、气象气候数据集、社会经济数据、土地利用数据等众多其他类型数据集。另一方面，用户可以上传私人数据，使用 API（application programming interface）对所有数据进行调用和计算。公共数据更新及时、有海量开源代码，用户可以直接利用代码在 GEE 云平台上计算，或者利用 Python、R 语言等调用 GEE 平台进行计算，计算所占内存属云端，计算结果可通过谷歌云盘下载至本地。

2014 年，GEE 首次被运用于全球森林监测（Global Forest Watch，GFW），2016 年公开问世，被运用于各种研究当中，包括解决森林砍伐、植树造林、传染病研究、粮食危机、植被响应等热点问题[9]。GEE 具有强大的计算性能，以往在本地计算机需要花费数月运算的结果，在 GEE 中仅需几分钟即可得出；此外，一些区域尺度的分析通过GEE 也可以很容易扩大至全球尺度。GEE 平台和众多开发者也公布了海量的学习资料和开源项目，包括教学视频、实例文档、用户指南、geemap、Awesome GEE 等，方便了用户的学习使用[10]。图 2.22 为 GEE 交互式操作界面。

图 2.22　谷歌地球数据引擎交互式操作界面

本章参考文献

[1] CAMPBELL J B, WYNNE R H. Introduction to remote sensing [M]. New York：Guilford Press，2011.

[2] DOBBS C, NITSCHKE C, KENDAL D. Assessing the drivers shaping global patterns of urban vegetation landscape structure [J]. Sci Total Environ, 2017, 592：171 – 177.

[3] SUN L, CHEN J, LI Q, et al. Dramatic uneven urbanization of large cities throughout the world in recent decades [J]. Nature Communications, 2020, 11 (1)：1 – 9.

[4] GHIGGI G, HUMPHREY V, SENEVIRATNE S I, et al. GRUN：an observation-based global gridded runoff dataset from 1902 to 2014 [J]. Earth System Science Data, 2019,

11（4）：1655 –1674.

[5] NAVALGUND R R, JAYARAMAN V, ROY P. Remote sensing applications：an overview [J]. Current Science, 2007：1747 –1766.

[6] MARCEAU D J, HAY G J. Remote sensing contributions to the scale issue [J]. Canadian Journal of Remote Sensing, 1999, 25（4）：357 –366.

[7] KADHIM N, MOURSHED M, BRAY M. Advances in remote sensing applications for urban sustainability [J]. Euro-Mediterranean Journal for Environmental Integration, 2016, 1（7）：1 –22.

[8] 吴万本. 基于谷歌地球数据引擎的台风过境水稻灾害评估 [D].上海：华东师范大学, 2019.

[9] GORELICK N, HANCHER M, DIXON M, et al. Google Earth Engine：Planetary-scale geospatial analysis for everyone [J]. Remote Sensing of Environment, 2017, 202：18 –27.

[10] WU Q. geemap：A Python package for interactive mapping with Google Earth Engine [J]. Journal of Open Source Software, 2020, 5（51）：2305.

第3章　水环境遥感实验

3.1　水环境遥感简介

水环境指对地球水体进行存储、运输、利用的整个环境系统，它涉及生物圈中动植物生存、发展、繁衍等过程，也涵盖水资源、各种固体、气体等成分组成的能量与物质交换系统。水环境的状况影响着人类与自然界中生物的生存和发展，同时，人类活动也会直接或间接地影响水环境的变化[1]。

水环境遥感是指利用遥感系统对目标水体的水色、水质和水生植被等多种参数进行测量[2-6]。其中，水色遥感是指对目标水体中影响水体光学性质的水体光学成分（如悬浮物质、叶绿素和黄色物质等）进行的遥感测量。不同水体的光学成分通常具有不同的光学特性，并能够导致水体的整体光学特性产生变化。一般，通过观测水体表面的电磁波谱特征，能够识别这种水体光学成分的变化。水质遥感是指对影响水体质量的各种物质含量的特征指标或水质参数进行的遥感测量。水环境遥感的定义相对比较宽泛，包括任意涉及水环境参数的遥感。

本章主要介绍基于环境一号卫星光学小卫星（HJ-1B）数据的湖泊水质遥感分析过程，选定的实验区域为太湖水域，实验所用分析软件主要为 ENVI 遥感图像处理平台。

3.2　实验区介绍

3.2.1　实验区基本情况

太湖位于长江三角洲的南缘和江苏省南部，是中国五大淡水湖之一。自 1987 年以来，太湖的水质一直受到污染，主要的污染情况是水体富营养化加剧，湖内氨、氮元素含量超标，水华现象时常发生。太湖的污染情况对当地的动植物生存、城市供水都造成了一定程度的不良影响。

通过卫星遥感多光谱影像，对太湖水面叶绿素、总悬浮物等物质建立定量遥感模型，可以及时、大面积地观测太湖的水质污染情况，为治理太湖水环境提供数据支撑。

3.2.2　环境一号卫星数据简介

环境一号卫星是我国于 2003 年发射的专门用于环境监测和灾害预防的卫星，它由两颗光学卫星和一颗合成孔径雷达卫星组成（相关参数见表 3.1 至表 3.3），具有较高的时间、空间以及光谱分辨率，实现了对我国的环境、气候等变化的大范围、全天候的动态监测[7]。

表3.1　环境一号卫星 A/B 轨道参数

参　数	指　标
轨道类型	太阳同步回归轨道
轨道高度	649.093 km
轨道倾角	97.9486°
回归周期	31 天
降交点地方时	10：30 AM ± 30 min

表3.2　环境一号卫星 C 轨道参数

参　数	指　标
轨道类型	太阳同步回归轨道
轨道高度	499.26 km
轨道倾角	97.3671°
回归周期	31 天
降交点地方时	6：00 AM

表3.3　环境一号卫星主要载荷参数

平台	有效载荷	谱段号	光谱范围 /μm	空间分辨率/m	幅宽 /km	侧摆能力	重访时间/天
HJ - 1A 星	CCD 相机	1	0.43～0.52	30	360（单台） 700（二台）	—	4
		2	0.52～0.60	30			
		3	0.63～0.69	30			
		4	0.76～0.90	30			
	高光谱成像仪	—	0.45～0.95 （110～128 个谱段）	100	50	±30°	4
HJ - 1B 星	CCD 相机	1	0.43～0.52	30	360（单台） 700（二台）	—	4
		2	0.52～0.60	30			
		3	0.63～0.69	30			
		4	0.76～0.90	30			
	红外多光谱相机	5	0.75～1.10	150 （近红外）	720	—	4
		6	1.55～1.75				
		7	3.50～3.90				
		8	10.5～12.5	300			
HJ - 1C 星	合成孔径雷达（SAR）	—	—	5 （单视） 20 （4 视）	40 （条带） 100 （扫描）	—	4

3.3 卫星数据准备和预处理

3.3.1 导入卫星数据

打开 ENVI 软件，选择文件（File）→打开为（Open As）→中国卫星（China Satel-lites）→HJ-1A1B，在弹出的对话框中选择对应的 XML 卫星数据文件（图 3.1）。

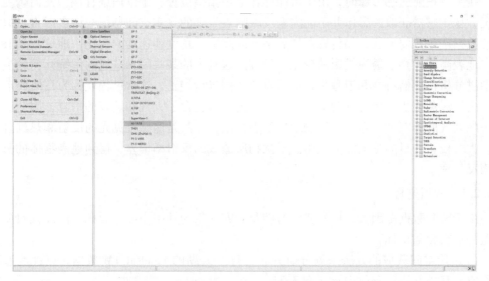

图 3.1　打开卫星数据

打开文件如图 3.2 所示。

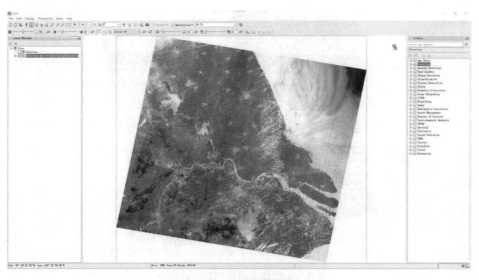

图 3.2　卫星数据视图

3.3.2 卫星数据预处理

在使用卫星遥感数据前，必须对数据进行辐射定标、几何校正、大气校正等处理。辐射标定处理是将传感器接收记录的电压信号或数值（digital number，DN）转换为绝对量纲的辐射亮度或反射率。由于太空环境恶劣，所有卫星传感器的性能会随着时间的推移而下降。为了获取一致、准确的测量数据用于探测气候和环境变化，需要将 DN 转化为物理量。

在生成正射遥感影像时，由于可能存在卫星拍摄位置、定位信息有误，几何畸变等情况，从传感器获取的影像并不能完全反映陆表景观的真实空间特征。许多因素可以使遥感数据产生几何形变，如传感器搭载平台的高度、角度和速度的变化，地球自转和曲率，地表高程位移，透视投影的变化，等等。这其中的某些因素造成的系统几何畸变可以通过分析传感器特性和卫星平台运行轨道数据进行纠正，这个过程就称为几何校正。

由于星载或机载传感器观测到的辐射亮度信号包含了大气和地表的信息，因此必须要去除大气的影响来估算地表生物地球物理变量，尤其是遥感可见光的反射和热红外数据。大气校正的目的是消除大气中的干扰物所造成的反射率偏差，得到地表物体的真实表面反射率。

3.3.2.1 辐射定标

由于整景数据范围大，而本实验所涉及研究区仅为其中小部分面积，因此仅对研究区范围进行辐射定标。

（1）用空间裁剪的方法来划分研究区，打开太湖的 Landsat TM 数据，以此为基准进行空间裁剪并进行辐射定标（图3.3）。

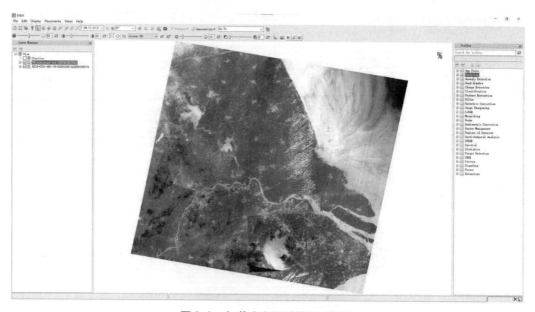

图3.3 加载太湖区域的 TM 数据

（2）在 ENVI 窗口右侧找到工具箱（Toolbox）菜单（图 3.4）。

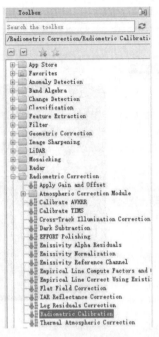

图 3.4　工具箱（Toolbox）菜单

（3）选择辐射校正中的辐射定标（Radiometric Calibration），打开辐射定标视窗（图 3.5）。

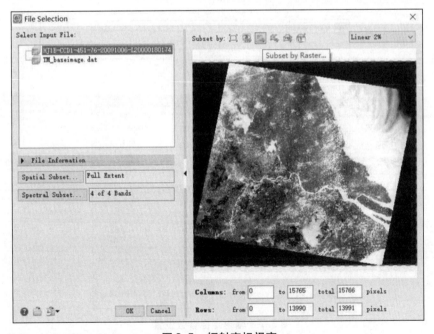

图 3.5　辐射定标视窗

（4）在"Subset by Raster"中选择太湖的 Landsat TM 数据，对环境小卫星的太湖范围数据进行空间裁剪（图 3.6）。

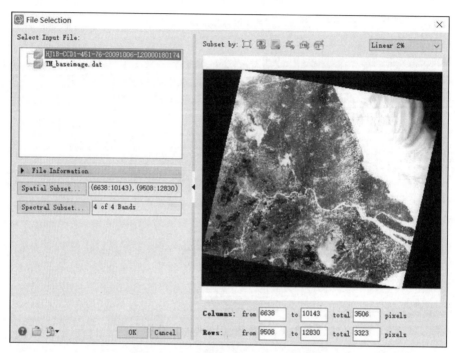

图 3.6 对太湖部分数据进行空间裁剪

（5）设置辐射定标参数（图 3.7）。

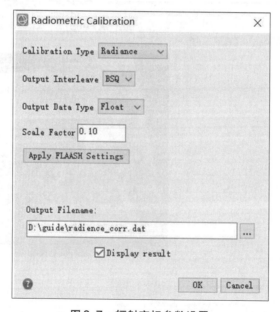

图 3.7 辐射定标参数设置

（6）辐射定标完成后结果如图 3.8 所示。

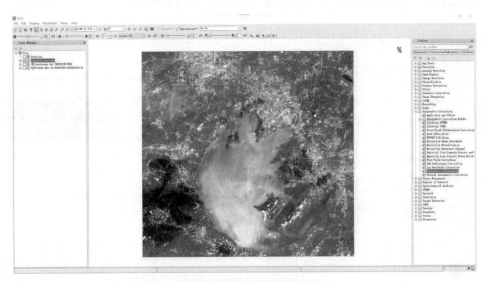

图 3.8   辐射定标输出结果

3.3.2.2   几何校正

对遥感数据进行几何校正是为了让数据具有准确的地理信息，以便在后续使用中可以与其他数据相匹配，如实测 GPS 数据。本章采用校正完成的太湖 Landsat TM 数据作为基准，基准影像可以是经过校准的当地地形图，亦可以是其他已经校准过的卫星遥感影像，如哨兵数据、MODIS 数据等。从图 3.9 可以看到，通过 Portal 视窗观察，没有经过几何校正的环境小卫星数据与经过校正的 Landsat TM 数据存在较大误差，因此必须进行几何校正。

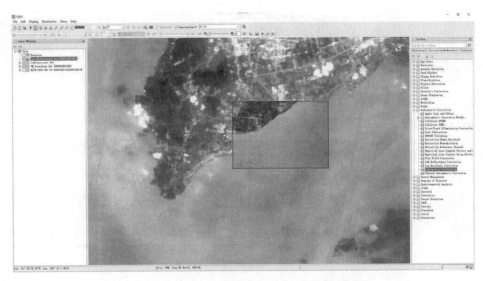

图 3.9   环境小卫星数据与 Landsat TM 数据对比

（1）从右侧的"Toolbox"中找到地理校准中的图像配准工作流程（Image Registra-tion Workflow）（图 3.10），打开图像配准视窗（图 3.11）。

图 3.10　图像配准工作流程　　　　　　　　图 3.11　图像配准视窗

（2）本实验选择 Landsat TM 影像作为图像校准的基准影像，选择在上一步中完成的辐射校准数据作为待校准影像，具体参数设置参考图 3.12。

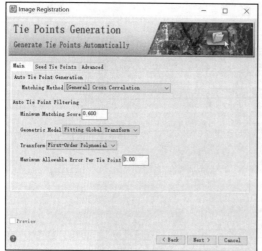

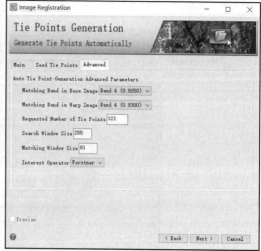

图 3.12　图像配准参数设置

（3）点击"Next"进行图像配准，处理完成后，从图 3.13 可以看到软件使用了图像上的哪些点作为配准的连接点以及配准的精度。

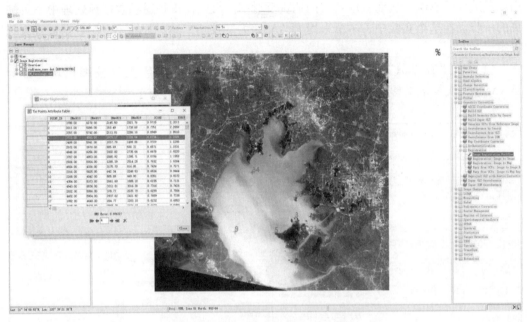

图 3.13　图像配准连接点以及精度

（4）点击"Next"完成图像配准并输出文件，图像配准完成后结果如图 3.14 所示。

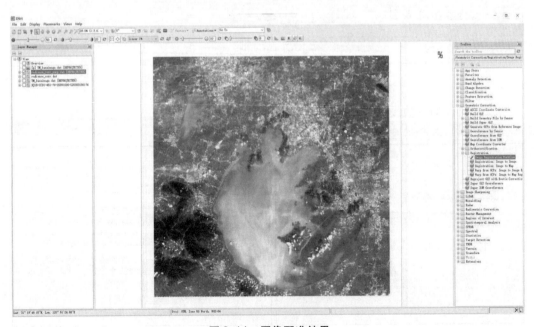

图 3.14　图像配准结果

3.3.2.3 大气校正

进行定量遥感必须对遥感数据进行大气校正，消除大气中水汽、气溶胶等因素对数据质量造成的影响，从而获取真实的地表反射率。大气校正是遥感数据预处理中不可缺失的一步。在这个实验中，本章采用 FLAASH 大气校正工具对环境小卫星数据进行大气校正。

（1）在"Toolbox"找到辐射校准中大气校正的 FLAASH 大气校准模块，打开 FLAASH 大气校正工具（图 3.15）。

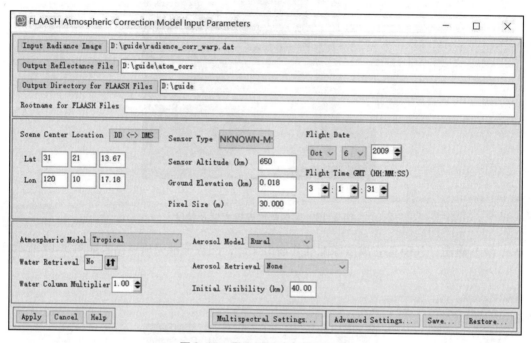

图 3.15　FLAASH 大气校正工具

（2）具体的参数设置如图 3.16 所示。

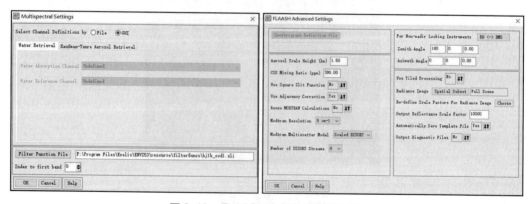

图 3.16　FLAASH 大气校正参数设置

（4）参数设置完毕后，点击"Apply"开始大气校正（图 3.17）。

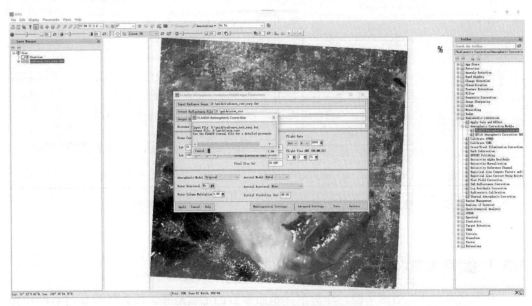

图 3.17　FLAASH 大气校正过程

（5）大气校正完成后，弹出输出结果如图 3.18 所示。

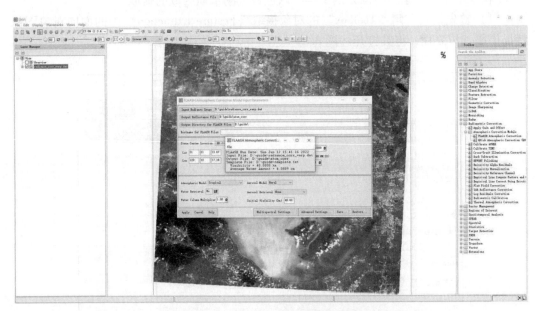

图 3.18　FLAASH 大气校正输出结果

（6）从图 3.19 可以看到，经过大气校正后，同一地点的光谱信息发生明显变化，经过大气校正处理后的数据才是可以用于分析的地表反射率数据。

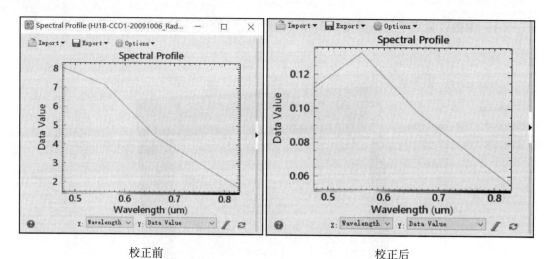

校正前　　　　　　　　　　　　　　　　　　　校正后

图 3.19　大气校正前后光谱曲线

3.3.3　提取太湖水域范围

本实验为水环境遥感实验，即对水体水质参数的定量遥感。而大气校正过后的图像还包含太湖周围的土地以及建筑物，如果不剔除这部分土地类型，会对后续实验分析和结果产生影响，因此实验中需要将太湖的水体范围进行单独提取。为此，本实验使用 ENVI 软件中面向对象的图像分割工具，以进行太湖水面区域的提取。

（1）首先找到右侧"Toolbox"的对象提取（Feature Extraction）中的面向对象图像特征提取工作流程，将其打开（图 3.20）。

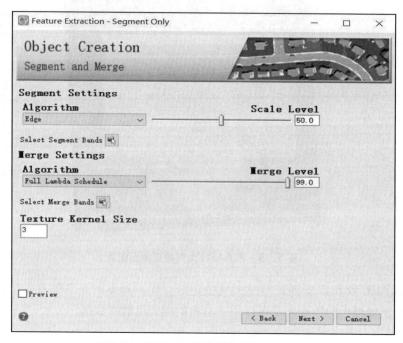

图 3.20　面向对象图像特征提取工作流程

（2）在输入栅格中选择之前经过辐射定标、几何校正和大气校正的环境小卫星数据，点击"Next"，出现参数设置窗口，详细参数设置如图3.21所示。

图3.21　图像提取参数设置

（3）点击"Next"，开始数据处理，完成后得到数据导出视窗。由于我们只需要得到太湖水面区域的矢量文件，不需要栅格文件，因此在"Export Raster"选项中取消勾选"Export Segmentation Image"，随后点击"Finish"（图3.22）。

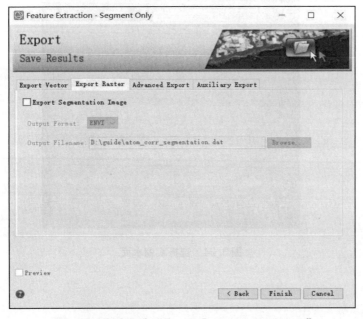

图3.22　取消勾选"Export Segmentation Image"

（4）如图 3.23 所示，影像已经被自动分割。

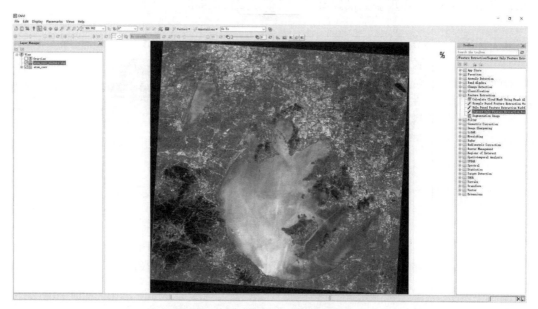

图 3.23　面向对象的图像提取结果

（5）按住"Ctrl"键，选中太湖的水面区域，选中后的范围会以高亮显示（如图 3.24 斜线所示范围）。

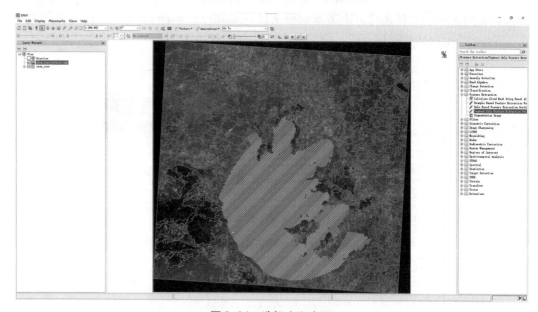

图 3.24　选择太湖水面

（6）右击生成的 shp 文件，选择"View/Edit Attributes"（图 3.25）。

图 3.25　选择"View/Edit Attributes"

（7）打开后选择"Save Selected Records To New Shapefile..."，并设定输出文件名称（图 3.26）。

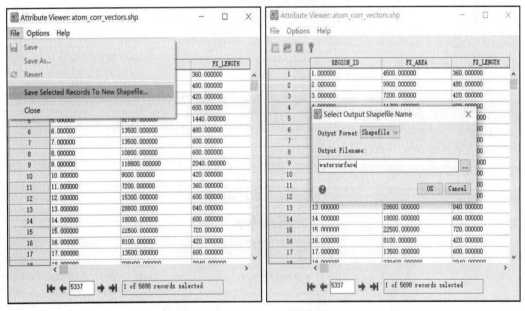

图 3.26　Attribute Viewer 界面

（8）完成后得到太湖水体的矢量边界（图3.27）。

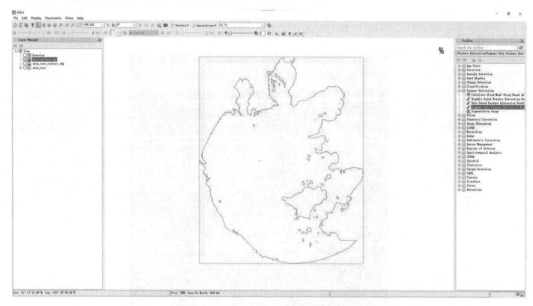

图3.27　太湖水体矢量边界

（9）得到矢量边界后就可以通过裁剪感兴趣区域影像来提取太湖的水面数据。在"Toolbox"中找到感兴趣区域（Regions of Interest）中的按感兴趣区域裁剪影像（Subset Data from ROIs）（图3.28）。

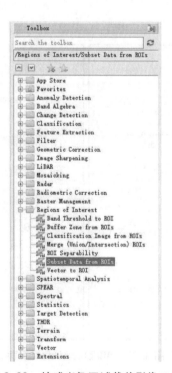

图3.28　按感兴趣区域裁剪影像工具

（10）选择输入的待裁剪图像（图 3.29）。

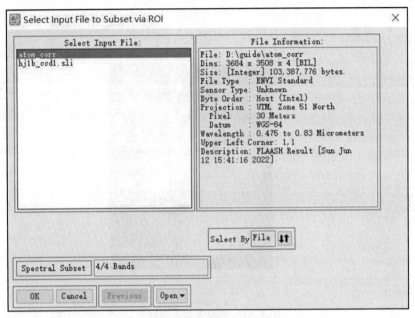

图 3.29　选择待裁剪图像

（11）在"Select Input ROIs"中选择刚才合并的太湖水面 shp 数据，并在"Mask pixels outside of ROI?"选项中选择"Yes"（此项设置是为了根据 shp 文件的矢量边界进行不规则裁剪），将裁剪过后的背景栅格值（Mask Background Value）设置为 0 后，再设置好输出文件名，点击"OK"进行裁剪操作（图 3.30）。

图 3.30　根据 ROI 裁剪影像参数设置

（12）完成后得到仅有太湖水面的影像数据（图3.31）。

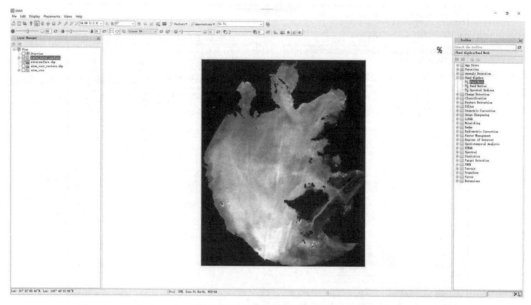

图3.31　提取太湖水面结果

3.4　水体叶绿素a浓度反演

叶绿素a作为一种光学敏感性较高的物质，其浓度发生变化时水体的光谱曲线会出现相对应的峰值或谷值。基于叶绿素a的光谱特征，可以实现水环境叶绿素浓度的反演。

在前人研究了大量算法和模型的基础上，本章使用叶绿素a的经验模型之一——波段比值模型 $\frac{BNIR}{BRED}$ 来进行叶绿素a的反演。波段比值模型公式如下：

$$Chla = a \times \frac{BNIR}{BRED} + b$$

其中，$Chla$ 为叶绿素a浓度，$BNIR$ 与 $BRED$ 分别表示近红外与红光波段反射率，a 和 b 都是待定系数，需要后续通过计算得出。

3.4.1　波段计算

（1）在"Toolbox"中找到波段代数（Band Algebra）中的波段计算（Band Math）（图3.32）。波段计算可以实现同一栅格不同波段的值之间的运算，进而实现波段比值模型。

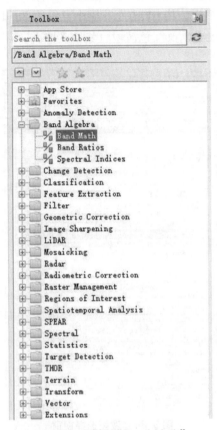

图 3.32　选取 "Band Math"

（2）由于我们采用的模型形式为 $\dfrac{BNIR}{BRED}$，因此在表达式中输入 "b1/b2"（图 3.33），然后点击 "Add to List"，最后点击 "OK"。

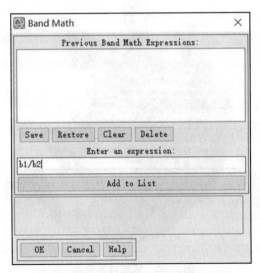

图 3.33　波段计算视窗

（3）进入波段选择视窗后，将 b1 选为环境小卫星的 Band 4，b2 选为 Band 3，分别对应环境小卫星的近红外波段以及红色波段（图 3.34）。

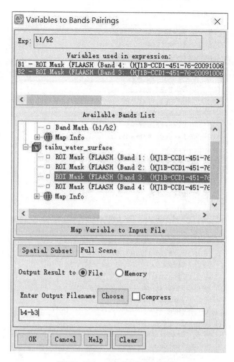

图 3.34　波段选择视窗

（4）设置好参数后点击"OK"，得到波段计算结果（图 3.35）。

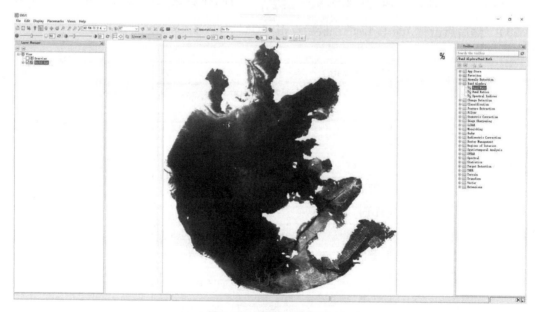

图 3.35　波段计算结果

3.4.2 曲线拟合建模

（1）找到"Toolbox"中的扩展应用（Extensions）中的曲线拟合（Curve Fitting）工具（图3.36），该工具可以通过经纬度来对星上点的波段栅格值与地面实测点的水质参数值进行反演模型构建。

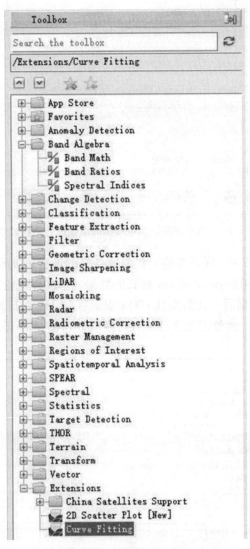

图3.36　曲线拟合工具

（2）在曲线拟合工具视窗中选择本章波段计算中得到的结果进行曲线拟合（图3.37）。

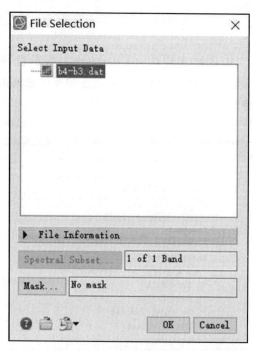

图 3.37　选择波段计算中得到的结果进行曲线拟合

（3）选择数据后，ENVI 还需要输入提前准备好的地面的实测数据与对应的星上点反射率数据进行建模，可选择 txt 或 csv 格式的数据文本文件进行建模数据读取。

（4）选择完实测数据后，还需要让 ENVI 识别数据从哪一行开始，哪一列是经纬度和水质参数的实测数据，此处需要手动输入对应的行列数（图 3.38）。

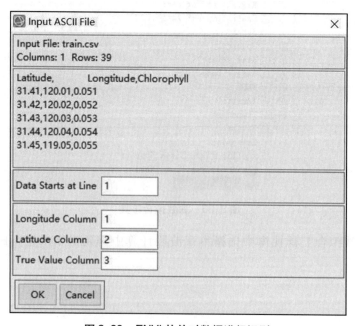

图 3.38　ENVI 软件对数据进行识别

（5）设置好后点击"OK"按钮，软件就会自动对数据进行曲线拟合（图 3.39）。曲线模型默认为线性模型，操作者可以根据实测点的分布状况采用对数模型或非线性模型。

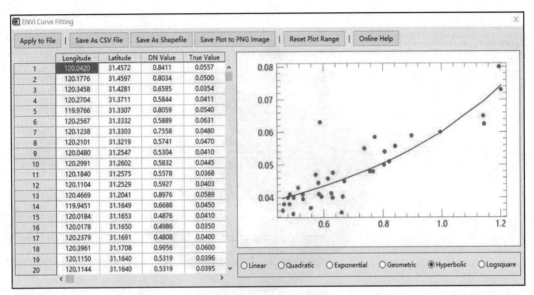

图 3.39　曲线拟合结果

（6）选择拟合效果最好的曲线进行应用，点击右上角中的"Apply to File"，ENVI就会自动根据拟合的曲线进行 Band Math，生成计算结果（图 3.40），得到的图像即为太湖区域水面叶绿素 a 分布灰度图。

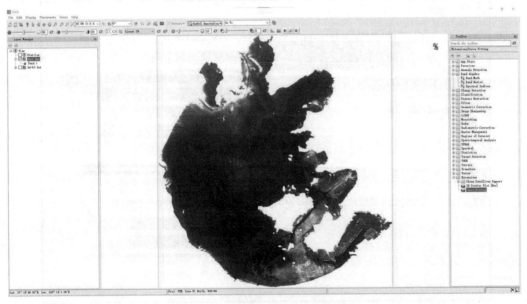

图 3.40　"Apply to File"输出结果

（7）为了让显示更加直观，可以通过更换颜色表来更改叶绿素 a 分布图的显示效果，在左侧的"Layer Manager"中右击生成的叶绿素 a 分布图，选择更换颜色表（Change Color Table）中的"More..."（图 3.41）。

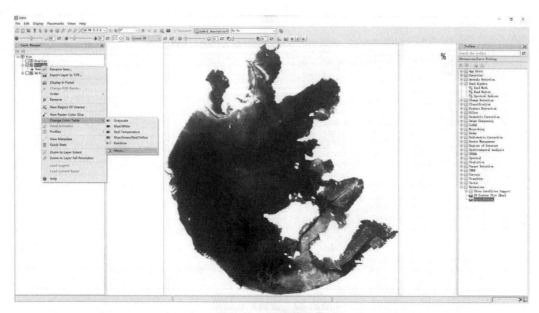

图 3.41　更换颜色表

（8）在更换颜色表视窗中选择"GRN/WHT EXPONENTIAL"（图 3.42），点击"OK"，就可以得到叶绿素 a 浓度分布图，颜色从白到绿表示浓度由低到高（图 3.43）。

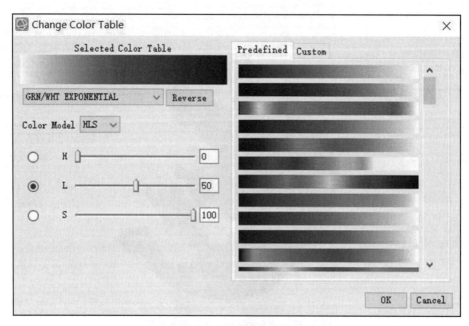

图 3.42　更换颜色表视窗

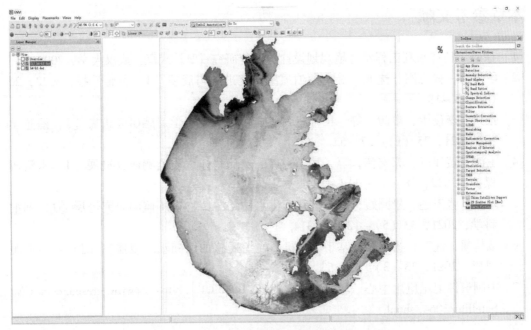

图 3.43　更换颜色表后的叶绿素 a 浓度分布图

　　（9）最后，将制作完成的叶绿素 a 浓度分布图导出为 TIF 格式文件（图 3.44），就可以在 ArcMap 等 GIS 软件中进行添加图例和说明等后续操作。

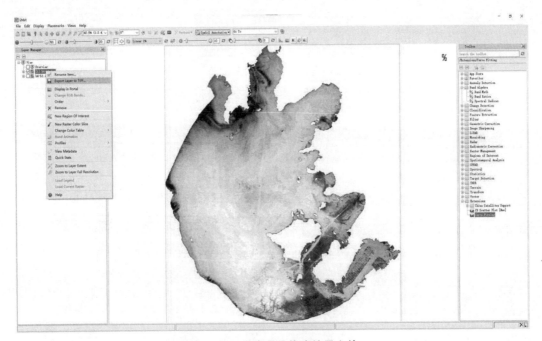

图 3.44　导出 TIF 格式结果文件

本章参考文献

［1］徐晶．新江水利工程水环境规划设计与评价研究［D］.武汉：武汉大学，2004.

［2］段洪涛，曹志刚，沈明，等．湖泊遥感研究进展与展望［J］.遥感学报，2022，26（1）：3－18.

［3］张兵，李俊生，申茜，等．长时序大范围内陆水体光学遥感研究进展［J］.遥感学报，2021，25（1）：37－52.

［4］王波，黄津辉，郭宏伟，等．基于遥感的内陆水体水质监测研究进展［J］.水资源保护，2022，38（3）：117－124.

［5］来莱，张玉超，景园媛，等．富营养化水体浮游植物遥感监测研究进展［J］.湖泊科学，2021，33（5）：1299－1314.

［6］臧传凯，沈芳，杨正东．基于无人机高光谱遥感的河湖水环境探测［J］.自然资源遥感，2021，33（3）：45－53.

［7］中国资源卫星应用中心．环境一号 A/B/C［EB/OL］.http：//www.cresda.com/CN/Satellite/3064.shtml.

第4章　植被遥感实验

4.1　植被遥感简介

全球气候变暖使得极端天气和气候事件越来越频繁地出现，比如极端升温、降雨和旱灾等，对地球各个尺度的生态系统都形成了巨大危害。而植被是生态系统中极其重要的基础组成部分，其在改良土壤、调节气候等方面具有不可替代的重要作用。

随着地球植被资源面临的威胁和压力越来越大，对有关植被状态、功能和可持续性的定量的和更及时、更准确信息的需求越来越大。卫星遥感提供了一种以一致和稳健的方式测量和监测广阔森林区域的有效方法，补充了地面森林调查，并克服了森林生物物理特性现场采样的空间限制[1]。

在用于表征森林的各种遥感参量中，光谱植被指数（vegetation index，VI）被广泛用于监测森林状态和树冠特征。光谱反射特征揭示了森林冠层的状态、生物地球化学成分和结构的信息。植被对电磁波谱的反射率（植被的光谱反射率或发射特性）由叶子表面的化学和形态特征决定[2]，其随植物类型、组织内含水量和其他内在因素的变化而变化[3]。

植被遥感的主要应用基于以下光谱：①紫外区（UV，$10 \sim 380$ nm）；②可见光谱，由蓝色（$450 \sim 495$ nm）、绿色（$495 \sim 570$ nm）和红色（$620 \sim 750$ nm）波长区域组成；③近红外和中红外波段（$850 \sim 1700$ nm）。在没有任何生物或非生物胁迫的情况下，成熟的绿色植物叶片表面的发射率（相当于热波段的吸收率）通常在 $0.96 \sim 0.99$；而对于干燥植物，其发射率通常有较大的范围，一般在 $0.88 \sim 0.94$。绿色植被在近红外和中红外区域的反射光谱曲线已在植物冠层中得到广泛研究[4]。

4.2　常用遥感植被指数

最早的植被指数大概于 20 世纪 60 年代出现，Jordan 在 1969 年提出了比值植被指数（ratio vegetation index，RVI）[5]，它基于植被叶子比红外波吸收更多红色光的原理。RVI 可以在数学上表示为

$$RVI = \frac{RED}{NIR}$$

其中，NIR 和 RED 分别是近红外和红色波段的响应。理想情况下，应使用经过大气校正的地表反射率数据。

根据植被的光谱特征，浓密植物在红波段的反射率较低，并且与叶面积指数、叶片

干生物量和叶片叶绿素含量具有高度相关性。裸土的 RVI 通常接近 1；RVI 随着像素（图片元素）中绿色植被数量的增加而增加，通常，非常高的 RVI 在 30 左右。然而，当植被数量少（小于 50%）时，考虑到大气会散射和吸收能量（取决于光谱波长和随时间变化的大气条件），一般来说，大气效应往往会降低 RVI。

与 RVI 相似，Richardson 和 Wiegand 提出植被差异指数（difference vegetation index, DVI）[6]，可以表示为

$$DVI = NIR - RED$$

DVI 可以区分植被和土壤背景，所以可应用于生态环境变化监测，但是 DVI 会受到由大气或阴影引起的反射率和辐射率之间差异的影响。当植被数量在 15% ~ 25% 时，DVI 对生物量变化敏感；而植被数量大于 80% 时，DVI 对植被的反应程度有所下降。

Rouse Jr. 等开发了归一化差异植被指数（normalized difference vegetation index, ND-VI），这是使用最为广泛的植被指数，可以表示为[7]

$$NDVI = \frac{NIR - RED}{NIR + RED}$$

$NDVI$ 为近红外和红色反射率之间的差异除以它们的总和，这种归一化用于最小化可变辐照度水平的影响。与无界限的简单比率不同，$NDVI$ 范围限制在 -1 ~ 1。由于植被具有较高的近红外反射率和较低的红色反射率，来自植被区域的数据将使 $NDVI$ 产生正值。随着像素（图片）中绿色植被数量的增加，$NDVI$ 会增加到接近 1。相比之下，裸露的土壤和岩石在近红外和红色或可见光区域通常表现出相似的反射率，产生正的但较低的 $NDVI$，其值接近 0。水、云和雪的红色或可见光反射率大于其近红外反射率，因此包含这些材料的场景会产生负的 $NDVI$。

增强型植被指数（enhanced vegetation index, EVI）与归一化差异植被指数（ND-VI）类似，可用于量化植被绿度，而 EVI 对一些大气条件和树冠背景噪声进行了校正，并且在植被茂密的地区更为敏感，其表示如下：

$$EVI = 2.5 \times \frac{NIR - RED}{NIR + C_1 \times RED - C_2 \times BLUE + L}$$

其中，$BLUE$ 是蓝色波段的响应。理想情况下，使用地表反射率（针对大气影响进行了校正）。L 是用于调整树冠背景干扰的系数，值为 1；C 为大气阻力系数，C_1 和 C_2 分别为 6 和 7.5。这些调整的系数可以将指数计算转换为 RED 和 NIR 之间的比率，同时在大多数情况下降低背景噪声、大气噪声和饱和度。

植被与土壤背景的区别最初是由 Richardson 和 Wiegand 通过分析土壤线提出的，可以认为是 NIR 和 RED 波段之间土壤光谱反射率在二维平面上的线性关系[6]。由于 $NDVI$ 在描述植被和土壤背景的光谱行为方面存在一定的不足，Huete[8] 开发了土壤调整植被指数（soil adjusted vegetation index, SAVI）以减小其影响，可表示为

$$SAVI = \frac{(NIR - RED)(1 + L)}{NIR + RED + L}$$

其中，L 是土壤亮度校正因子，取值范围为 0 ~ 1，目的是将土壤亮度影响降至最低。

$SAVI$ 通常用于植被覆盖率低的干旱地区，它输出的值介于 -1.0 和 1.0 之间。实际应用中，L 的取值根据具体环境条件确定。$L=1$ 表示植被非常茂密，也就是图像中绿色植被

数量非常多，而茂密的植被掩盖了土壤，所以土壤背景对植被指数没有影响，但这种理想条件在自然环境中很少见。通常情况下，L 值设定为 0.5，以适应大多数土地覆盖类型。

4.3 实验区和数据介绍

4.3.1 实验区基本情况

本实验选取云南省昆明市为主要研究区域。其地理位置为东经 102°10′～103°40′、北纬 24°23′～26°33′，海拔 1500～2800 m。昆明位于海拔 1890 m 的云贵高原中部，南濒滇池，三面环山，地处低纬度和高海拔地区，是中国气候最温和的地区之一，其特点是冬季短、凉爽干燥，白天温和、夜晚凉爽，而夏季温暖而潮湿。

昆明地区良好的自然气候条件孕育了丰富的植物资源，其植物区系属于热带与温带结合区系。主要植被类型包括常绿阔叶林、硬叶阔叶林、落叶阔叶林、暖性针叶林、温性针叶林、稀疏灌草丛、灌丛、草甸、湖泊水生植被等。

4.3.2 实验数据简介

本实验所用数据主要为 Landsat 8 卫星遥感影像数据。Landsat 8 卫星搭载的有效载荷主要包括 2 台传感器：陆地成像仪（operational land imager，OLI）和热红外传感器（thermal infrared sensor，TIRS）。这 2 台传感器以 15～100 m 的空间分辨率覆盖了可见光、近红外、短波红外、热红外等不同波段的全球观测数据，能够服务于各种地表变化监测目的。具体数据介绍如表 4.1 所示。

表 4.1　Landsat 8 OLI 波段介绍（来源：NASA）

传感器类型	波段	波长范围/μm	空间分辨率/m	主要应用
陆地成像仪（OLI）	Band 1 Coastal/Aerosol（海岸/气溶胶波段）	0.433～0.453	30	海岸带和气溶胶观测
	Band 2 Blue（蓝波段）	0.450～0.515	30	可见光三波段组成真彩色，用于地物识别、土地利用变化监测等
	Band 3 Green（绿波段）	0.525～0.600	30	
	Band 4 Red（红波段）	0.630～0.680	30	
	Band 5 NIR（近红外波段）	0.845～0.885	30	植被信息提取等
	Band 6 SWIR 1（短波红外 1）	1.560～1.660	30	土壤旱情监测、积雪监测、烟火监测、部分矿物信息提取等
	Band 7 SWIR 2（短波红外 2）	2.100～2.300	30	
	Band 8 Pan（全色波段）	0.500～0.680	15	地物识别、数据融合
	Band 9 Cirrus（卷云波段）	1.360～1.390	30	卷云检测

续表4.1

传感器类型	波段	波长范围/μm	空间分辨率/m	主要应用
热红外传感器 (TIRS)	Band 10 TIRS 1 （热红外 1）	10.60～11.19	100	地表温度监测、火灾探测、土壤湿度监测、夜间成像等
	Band 11 TIRS 2 （热红外 2）	11.50～12.51	100	

本实验所有 Landsat 8 数据均从 Google Earth Engine 云平台上下载，已经过大气校正、几何校正，数据提供在后文链接中。

实验主要分为两部分：第一部分为植被指数计算，该实验选取 2015 年 5 月覆盖昆明地区的 Landsat 8 各波段影像作为案例数据进行计算；第二部分为昆明地区植被生长季的年际平均 NDVI 时间序列回归分析，覆盖时段为 2013—2021 年。

4.4 植被指数计算

以上文提到的几种植被指数为基础，我们使用 Landsat 8 光谱数据在 RStudio 里进行计算，具体代码及过程如下。

```
#①读取文件
library(raster)
library(sp)
library(sf)
setwd("E:\book\landsat")#建立文件保存路径
landsat <- brick("E:\book\landsat\kunming_201505.tif")#使用 raster 包读取 tif 文件
```

读取的 Landsat 文件如图 4.1 所示，包含 7 个波段。

```
> landsat
class      : RasterBrick
dimensions : 8003, 5569, 44568707, 7  (nrow, ncol, ncell, nlayers)
resolution : 0.0002694946, 0.0002694946  (x, y)
extent     : 102.1684, 103.6692, 24.38872, 26.54549  (xmin, xmax, ymin,
x)
crs        : +proj=longlat +datum=WGS84 +no_defs
source     : kunming_201505.tif
names      : SR_B1, SR_B2, SR_B3, SR_B4, SR_B5, SR_B6, SR_B7
min values :     0,     0,     0,     0,     0,     0,     0
max values : 65535, 65535, 65535, 65535, 65535, 65535, 65535
```

图 4.1 Landsat 文件介绍，包含波段、范围、最大最小值等 （RStudio）

```
#②建立植被指数公式并计算
calcrvi <- function(x) return((x[[5]]/x[[4]]))#建立公式计算 RVI 指数
rvi <- calc(landsat,fun = calcrvi)#使用公式并逐像元进行计算
rvi[rvi < =2] <- NA#剔除异常值
rvi[rvi > =8] <- NA#剔除异常值
plot(rvi,main ="RVI")#在 R 中进行简单的展示
writeRaster(dvi,'rvi. tif')#将计算结果存储为 tif 文件
calcdvi <- function(x) return((x[[5]] - x[[4]]))#建立公式计算 DVI 指数
dvi <- calc(landsat,fun = calcdvi)
plot(dvi,main ="DVI")
writeRaster(dvi,'dvi. tif')
calcNDVI <- function(x) return((x[[5]] - x[[4]])/(x[[5]] + x[[4]]))#建
立公式计算 NDVI 指数
ndvi <- calc(landsat,fun = calcNDVI)
ndvi[ndvi < =0] <- NA
ndvi[ndvi > =1] <- NA
plot(ndvi,main ="NDVI")
writeRaster(ndvi,'ndvi. tif')
calcevi <- function(x)return((2. 5 * (x[[5]] -x[[4]]))/(x[[5]] +6 * x[[4]]
-7. 5 * x[[2]] +1))#建立公式计算 EVI 指数
evi <- calc(landsat,fun = calcevi)
evi[evi < =0] <- NA
evi[evi > =1] <- NA
plot(evi,main ="evi")
writeRaster(evi,'evi. tif')
```

通过以上计算，4 种植被指数展示如图 4.2 所示。从图中我们可以看到 4 种植被指数的表现效果：NDVI 作为最常用的植被指数，表现效果良好，可以较为真实地反应植被绿度；而其他指数出于植被覆盖度、土壤背景变化等原因，无法较好地反应植被生长情况。

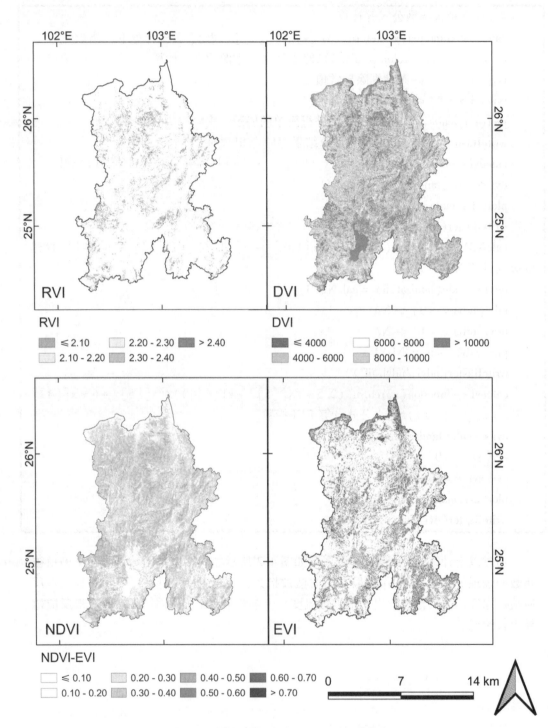

图 4.2 昆明市 2015 年 5 月 4 种植被指数

4.5　NDVI 的时间序列回归分析

本实验使用最大合成法合成从 2013 年到 2021 年的月度 NDVI 数据，并计算生长季 5—9 月的平均值作为年 NDVI 平均值，然后使用 RStudio 对其进行像元尺度的时间序列回归分析。分析过程及代码如下。

```
library(terra)
library(raster)
library(ggpmisc)
setwd('E:\book\landsat')
datafiles <- Sys. glob("E:\book\landsat\ * . tif")#读取这个文件夹中所有 tif 文件
dt <- stack(datafiles)#使用 stack 函数读取这些 tif 数据
```

读取如图 4.3 所示。

```
> dt
class      : RasterStack
dimensions : 8003, 5569, 44568707, 9  (nrow, ncol, ncell, nlayers)
resolution : 0.0002694946, 0.0002694946  (x, y)
extent     : 102.1684, 103.6692, 24.38872, 26.54549  (xmin, xmax, ymin, ymax)
crs        : +proj=longlat +datum=WGS84 +no_defs
names      : x0, x1, x2, x3, x4, x5, x6, x7, x8
```

图 4.3　dt 文件介绍，包含波段、范围、最大最小值等（RStudio）

```
newnames <- c(seq(2013,2021,1))#建立时间序列名称
names(dt) <- newnames
dt[dt < =0] <- NA#剔除异常值
dt[dt > =1] <- NA#剔除异常值
fun_linear = function(x) {
if(length(na. omit(x)) <9)return(c(NA,NA,NA))#筛选每个像元是否数据连续
year = seq(2013,2021,1)#时间自变量
lmdt = lm(x ~ year)#回归分析
a_lm = summary(lmdt)
slope = a_lm $ coefficients[2]#斜率
rsquared = a_lm $ r. squared #R2
pvalue = a_lm $ coefficients[8]#p 值
return(c(slope,rsquared,pvalue))
}
```

```
NDVI_pixellinear = app(dt, fun_linear, cores = 4)#逐像元计算
names(NDVI_pixellinear) = c("slope", "r2", "p-value")
plot(NDVI_pixellinear)
writeRaster(NDVI_pixellinear, 'pixellinear. tif')#保存 tif 文件
```

最后得到如图 4.4 所示 3 张结果图，根据计算结果，可以得到如下结论：昆明市 2013 年到 2021 年大部分地区 NDVI 呈增加趋势，但显著性检验表现不佳，仅有少部分地区通过 0.05 水平的显著性检验，猜测可能是数据量太少的缘故。

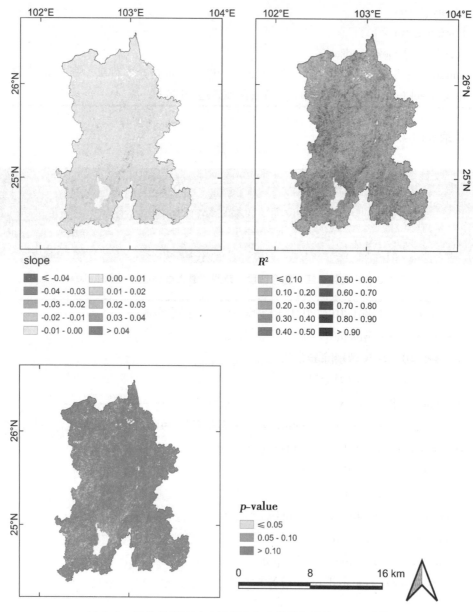

图 4.4　昆明市 2013 年到 2021 年生长季年平均 NDVI 趋势

本章参考文献

[1] HUETE A R. Vegetation indices, remote sensing and forest monitoring [J]. Geography Compass, 2012, 6 (9): 513 –532.

[2] ZHANG C, KOVACS J M. The application of small unmanned aerial systems for precision agriculture: a review [J]. Precision Agriculture, 2012, 13 (6): 693 –712.

[3] LIU C, SUN P S, LIU S R. A review of plant spectral reflectance response to water physiological changes [J]. Chinese Journal of Plant Ecology, 2016, 40 (1): 80.

[4] XUE J, SU B. Significant remote sensing vegetation indices: a review of developments and applications [J]. Journal of Sensors, 2017: 1353691.

[5] JORDAN C F. Derivation of leaf-area index from quality of light on the forest floor [J]. Ecology, 1969, 50 (4): 663 –666.

[6] RICHARDSON A J, WIEGAND C. Distinguishing vegetation from soil background information [J]. Photogrammetric Engineering and Remote Sensing, 1977, 43 (12): 1541 –1552.

[7] SCHELL J, DEERING D. Monitoring vegetation systems in the great plains with ERTS [J]. NASA Special Publication, 1973, 351: 309.

[8] HUETE A R. A soil-adjusted vegetation index (SAVI) [J]. Remote Sensing of Environment, 1988, 25 (3): 295 –309.

第 5 章　ArcGIS 基本操作

5.1　ArcMap 基础

本章主要介绍 ArcMap 的一些基础操作，一共分为 3 个部分，分别是新地图文件的创建、数据的导入与数据的保存。要通过 ArcMap 实现复杂多样的功能，首先要从新建地图文件开始。

5.1.1　新地图文件创建

方法 1：启动 ArcMap，运行程序后会弹出 New Document 操作界面（图 5.1）。在此操作界面中选择所需要的地图样式，点击"OK"即可创建新地图文件。

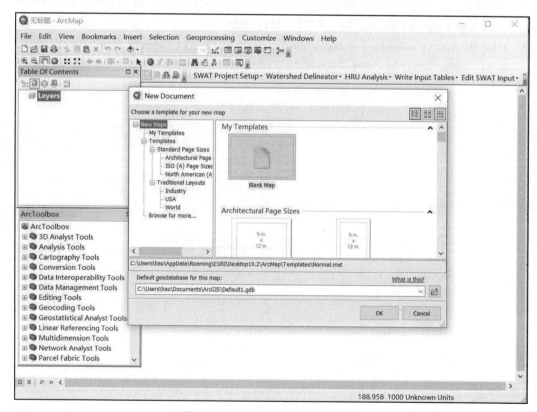

图 5.1　New Document 操作界面

方法 2：进入 ArcMap 工作环境，点击菜单栏中的"File"选项，在其下拉菜单中选择选项"New…",在 New Document 操作界面中选择所需要的地图样式,点击"OK"即可创建新地图文件(图5.2)。

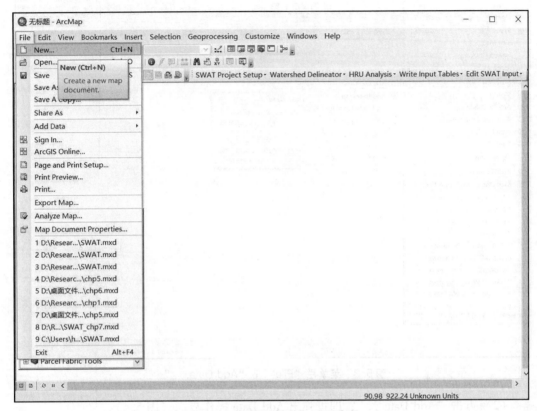

图5.2　菜单栏"File"下可选项

5.1.2　数据导入

通过上述步骤,我们已经创建好了新地图文件。但此时,该新建地图文件还是一张没有数据的空白地图。在 ArcMap 下,用户可根据需要导入不同的数据。数据类型以 ArcGIS 中矢量数据 Coverage、TIN 以及栅格数据 Grid 为主,同时也包括 Arcview3.x 中 shapefile、AutoCAD 中矢量数据 DWG、ERDAS 中栅格数据 Image File、USDS 中栅格数据 dem。

5.1.2.1　打开 Add Data 操作界面

(1)点击菜单栏中的"File"选项,在其下拉菜单中选择选项"Add Data"(图5.3)。

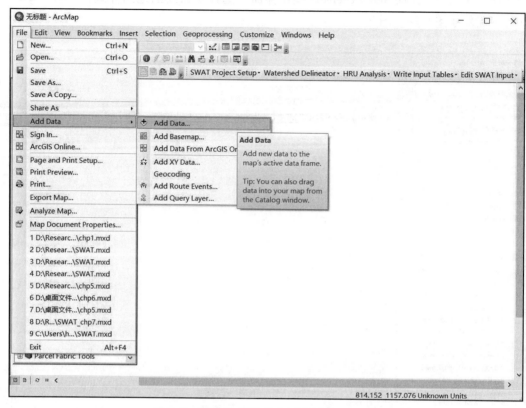

图5.3 菜单栏"File"下"Add Data..."

（2）点击"Add Data..."，即可弹出 Add Data 操作界面（图5.4）。

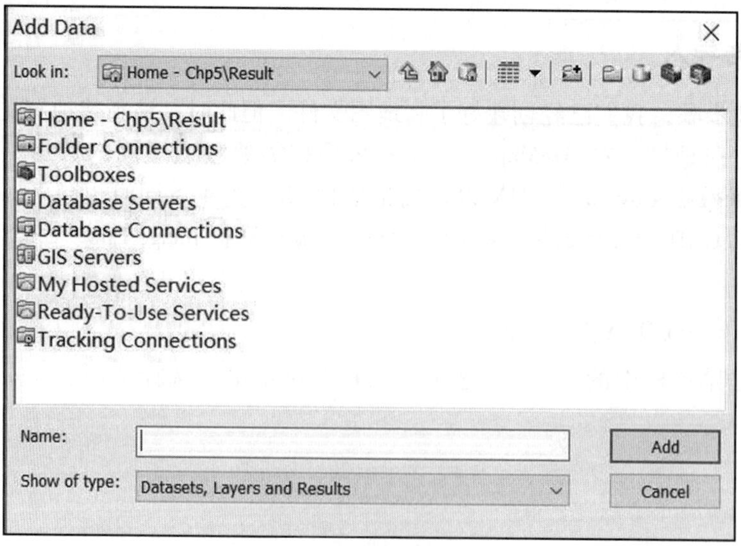

图5.4 Add Data 操作界面

5.1.2.2　连接数据文件夹

点击 Add Data 操作界面菜单栏中"⊡"选项（图 5.5），即可弹出 Connect To Folder 操作界面。在该操作界面中找到并选中数据文件存放的文件夹，点击"确定"，即可完成对数据文件夹的连接（图 5.6）。

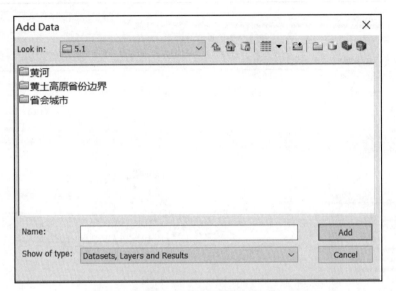

图 5.5　Add Data 操作界面连接数据文件夹

图 5.6　Connect To Folder 操作界面

5.1.2.3 导入数据

在已连接的文件夹中选中需要导入的数据，选择数据文件 chp5 中的 5.1 文件夹，对"黄河""黄土高原省份边界"及"省会城市"数据进行添加，结果如图 5.7 所示。

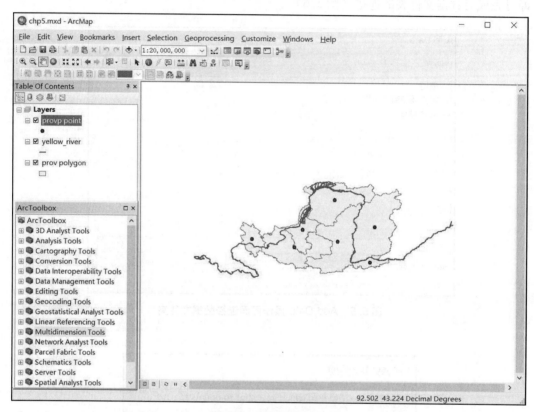

图 5.7 导入数据结果

5.1.3 数据保存

ArcMap 文件中导入数据的位置信息为绝对位置，若原始数据文件储存路径发生变化，则地图上也不会再显示此数据信息。ArcMap 系统有两种储存数据选择，为相对路径和绝对路径。数据保存方法如下：

（1）点击菜单栏中"File"选项，在其下拉菜单栏中点击命令"Save As..."；

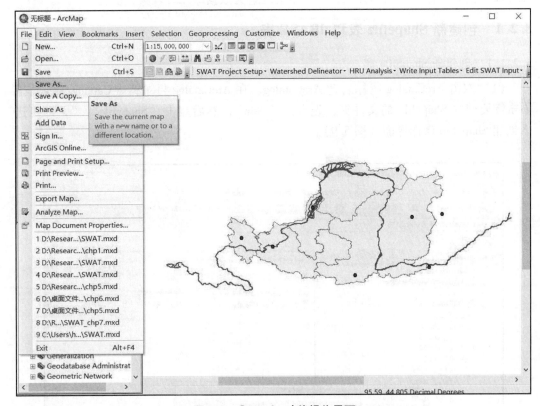

图 5.8　Save As 功能操作界面

（2）在弹出的另存为操作界面中定义文件名、保存类型和保存路径。完成后点击"保存"，即可完成数据保存。

5.2　创建 Shapefile 文件

　　Shapefile 为工业标准的矢量数据文件，它具有非常高的可靠性，并且对用户来说，只需输入一个字段就能完成所有操作。但由于它不能提供任何空间信息，因此无法直接用于 GIS 领域[1]。ArcCatalog 可以新建 dBASE 表与 Shapefile 表，对二者进行编辑时，需要通过增加、删除及索引属性；也可以定义 Shapefile 坐标系统，更新空间索引等。dBASE 表最早广泛应用于数据库管理系统（database management system，DBMS），dBASE 的基本文件格式为"_.dbf"，广泛应用于具有简单保存结构化数据要求的应用当中[1]。

　　在 ArcCatalog 中，修改 Shapefile 与 dBASE 结构需要通过增加、删除属性等方式进行。若要进一步修改表格属性项和这些元素，则需要在 ArcMap 中发起编辑功能。GIS 数据中集中储存有数据的空间特征和数据的各类属性信息[1]，而当空间数据转换成属性数据后，则需要对其进行一系列处理操作才能显示出来。本书主要讨论如何利用 ArcEngine 实现地理数据组织与管理[1]，其中，对 Shapefile 文件加入属性项可为数据添加多种属性信息载体。所谓属性项，可简单地理解为数据库二维表头[1]。

5.2.1　创建新 Shapefile 表和 dBASE 表

5.2.1.1　创建新 Shapefile 表

（1）双击 ArcCatalog 图标启动 ArcCatalog，在 ArcCatalog 目录树（Catalog Tree）下右击需要建立 Shapefile 的文件夹，先点击"New"，然后点击"Shapefile…"，即可进入创建 Shapefile 操作界面（图 5.9）。

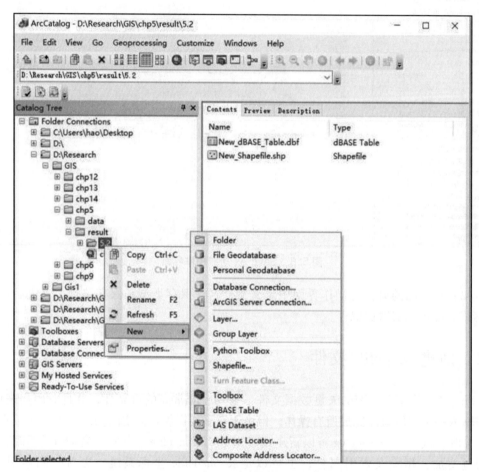

图 5.9　创建 Shapefile 操作界面

（2）在 Create New Shapefile 操作界面中定义要素类型和文件名称，并从"Feature Type"下拉菜单中选择所需的要素类型（图 5.10）。

图 5.10   Create New Shapefile 操作界面

（3）点击选项"Edit…"，弹出 Spatial Reference Properties 操作界面，可在此界面上定义 Shapefile 的坐标系统。选择所需要的坐标系统，单击"确定"，完成定义 Shapefile 坐标系统（图 5.11）。

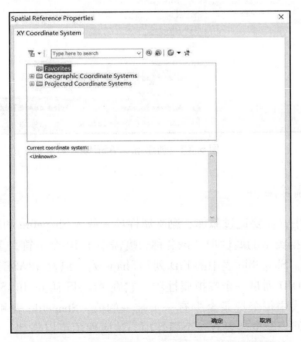

图 5.11   Spatial Reference Properties 操作界面

（4）定义了要素类型和 Shapefile 坐标系统之后单击"OK"，就可以完成新 Shapefile 文件的创建，新建的 Shapefile 文件即显示到相应文件夹中。

5.2.1.2 创建新 dBASE 表

在 ArcCatalog 目录树中右击指定文件夹，即可在指定位置创建 dBASE 表：先点击"New"选项，再点击"dBASE Table"选项（图 5.12）。

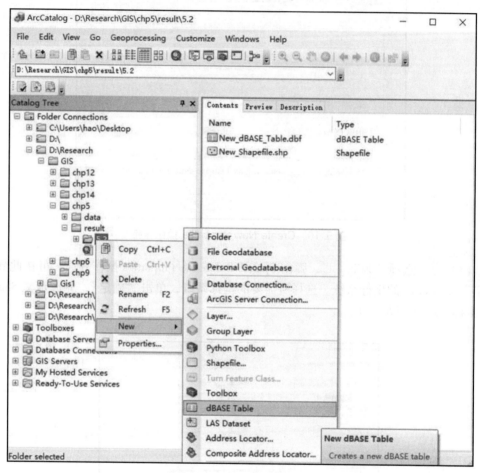

图 5.12 创建新 dBASE 表

5.2.2 添加与删除属性

在 ArcCatalog 中，需要通过添加、删除属性项来修改 Shapefile 和 dBASE 的结构。可以添加新名称和数据类型的属性项，该名称长度需小于 10 个字符，多于 10 个字符的部分将会被自动省略。Shapefile 表中的 FID 列和 Shape 列，以及 dBASE 表中的 OID 列十分重要，不能删除。OID 列是一个虚拟属性项，它在 ArcGIS 访问 dBASE 表内容时自动生成。OID 列保证了表中每个纪录至少有一个唯一的值。Shapefile 表和 dBASE 表除 FID、Shape 和 OID 列以外，至少还要有一个属性项，该属性项可以新建、删除或修改，必须调用 ArcMap 的编辑功能定义新添加的属性项内容[1]。

5.2.2.1　添加属性

（1）在 ArcCatalog 目录树中右击添加属性的 Shapefile 表或 dBASE 表（在 5.2.1 节中已创建），再点击"Properties..."，打开 Shapefile Properties 操作界面（图 5.13）。

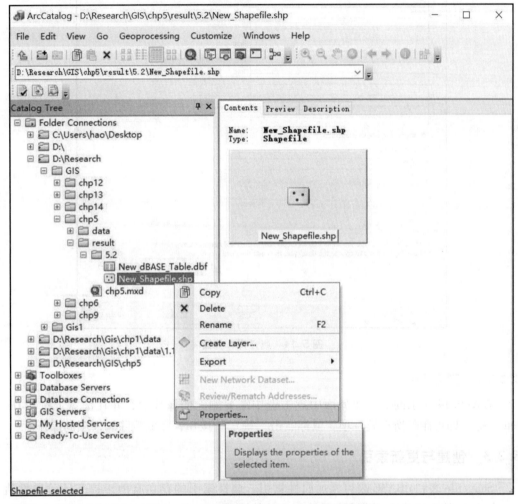

图 5.13　打开 Shapefile Properties 操作界面

（2）在 Shapefile Properties 操作界面中点击菜单栏中的标签"Fields"，选中"Filed Name"列中的新建行，定义新属性项的名称，在对应"Data Type"列中空白处定义新属性项的数据类型。所选数据类型的特性参数会在界面下方"Field Properties"框中显示，可在空白框中定义合适的数据类型参数（图 5.14）。

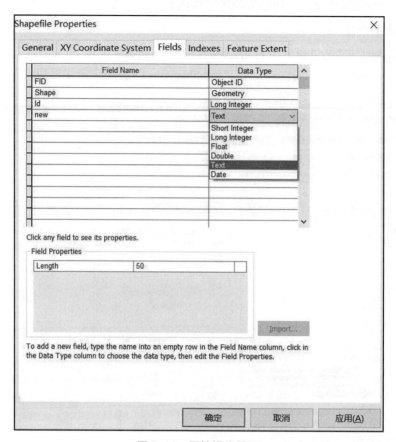

图 5.14　属性操作界面

5.2.2.2　删除属性

在图 5.14 所示的属性作界面中点击选中需要删除的属性项，并在键盘上按 "De-lete" 键，即可删除所选属性项，鼠标点击 "确定" 按钮，完成删除属性项的操作。

5.2.3　创建与更新索引

Shapefile 表和 dBASE 表可添加属性索引。属性索引的存在有助于提高评价属性值（evaluate）的查询功能。当改变属性列中的数据后，ArcCatalog 创建的索引会自动更新。除了属性索引添加外，还可以对 Shapefile 的空间索引进行添加、更新、删除，并且当 Shapefile 中的地理要素被添加或删除时，其空间索引会随之自动更新。有时需要手动更新 Shapefile 的空间索引，这时除更新空间索引外，也会更新 Shapefile 的范围信息[1]。

5.2.3.1　创建和删除属性索引

在图 5.14 所示的属性操作界面中，鼠标点击选中 "Indexes" 标签，进入 Indexes 菜单栏（图 5.15）。点击要建立索引的属性，即可创建属性索引；删除此索引只要取消属性的选中即可。

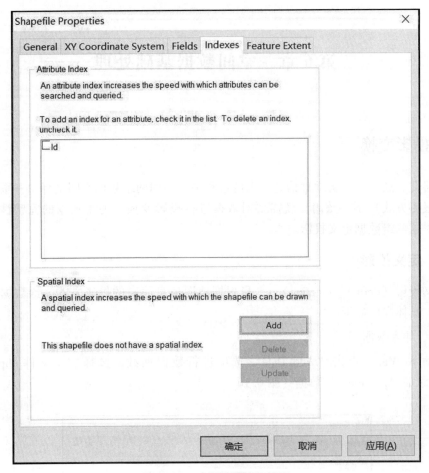

图 5. 15　索引设置操作界面

5. 2. 3. 2　创建、删除、更新空间索引

在上述图 5. 15 所示的索引设置操作界面中，若 Shapefile 文件不存在空间索引，单击"Spatial Index"选项组中的"Add"按钮，可创建空间索引；如果需要删除已有空间索引，点击"Delete"按钮；更新空间索引可单击"Update"按钮。

第6章　空间数据基础处理

6.1　投影变换

在研究、处理、分析地理信息数据的过程中，遇到两组数据空间坐标参考系（坐标系统、投影方式）不一致时，就需要对数据进行投影变换。为了数据的完整性、系统性，要对这两组数据定义投影。

6.1.1　定义投影

定义投影（define projection），是指根据地图信息原来的投影方式，给数据添加投影信息。具体操作如下。

6.1.1.1　导入数据

启动 ArcMap，点击"Add Data"选项进行数据加载，选择数据文件 chp6 中的 6.1.1，添加"provinces"数据（图 6.1）。

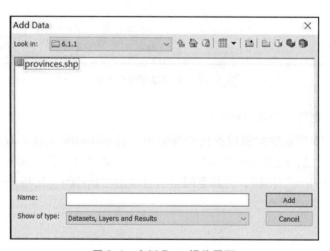

图 6.1　Add Data 操作界面

6.1.1.2　定义投影

（1）在"ArcToolbox"工具箱中打开"Projections and Transformations"工具集，双击"Define Projection"工具，打开 Define Projection 操作界面。

（2）在"Input Dataset or Feature Class"文本框中选择数据"provinces"。此时"Coordinate System"文本框显示为"Unknown"，表明该数据不存在坐标系统（图 6.2）。

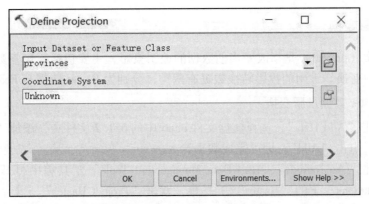

图 6.2　Define Projection 操作界面

（3）鼠标点击"Coordinate System"文本框旁图标，进入 Spatial Reference 属性操作页面，设置数据的投影参数（图 6.3）。在下拉菜单中有 3 个文件夹选项，分别为投影坐标系统（Projected Coordinate Systems）、地理坐标系统（Geographic Coordinate Systems）与地图图层中含有数据可参照的坐标系统（Layers）。选中合适的坐标系统后点击"确定"，再点击"OK"，即可完成投影定义。

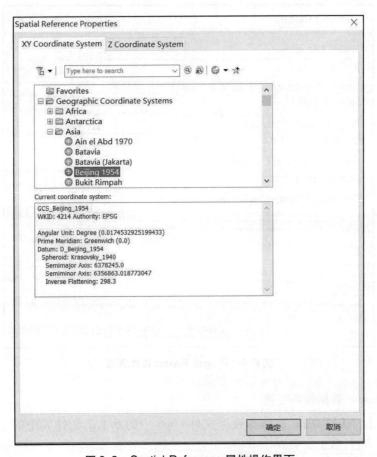

图 6.3　Spatial Reference 属性操作界面

6.1.2 投影变换

投影变换（project）是指改变当前数据的地图投影，主要包括投影参数、投影类型和椭球体等的变换。常用的投影转换数据有两类，分别为 Raster 数据与 Feature 数据。

6.1.2.1 Raster 数据投影变换

（1）点击"Add Data"，选择数据文件 chp6 中的 6.1.2 文件夹，添加"FVC 植被覆盖度"数据，点击"Add"，即可完成数据导入。

（2）点击"ArcToolbox"，在"Data Management Tools"工具箱中打开"Projections and Transformations"下的"Raster"工具集，双击"Project Raster"工具，打开 Project Raster 操作界面。

（3）在"Input Raster"文本框中选中栅格数据"FVC_1995.tif"。"Input Coordinate System（optional）"文本框中显示的是当前栅格数据的坐标系。系统会自动在"Output Raster Dataset"中设置好输出的栅格数据的路径与名称（FVC_pro），也可根据自己的需求进行修改。在"Output Coordinate System"文本框中选择需要设置的投影类型（图6.4）。点击"OK"即可完成投影变换。

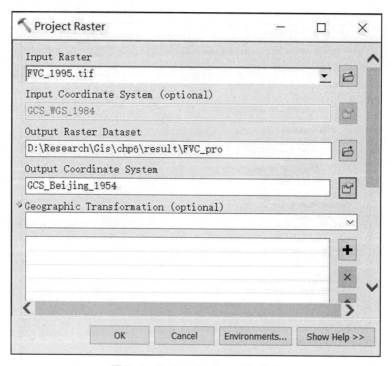

图 6.4 Project Raster 操作界面

6.1.2.2 Feature 数据投影变换

（1）点击"Add Data"，选择数据文件 chp6 中的 6.1.2 文件夹中的"boundary"，点击"Add"进行数据加载。

（2）点击"ArcToolbox"，在"Data Management Tools"菜单中点击"Projections and Transformations"中的"Feature"工具集，双击"Project Raster"，打开 Project 操作界面。

（3）在"Input Dataset or Feature Class"文本框中选择已导入的数据"boundary"。"Input Coordinate System（optional）"文本框中显示的是当前栅格数据的坐标系。系统会在"Output Dataset or Feature Class"文本框中自动定义好输出栅格数据的路径与名称（boundary_pro），也可根据自己的需求进行修改。在"Output Coordinate System"文本框中定义输出数据的投影（图 6.5）。点击"OK"即可完成投影变换。

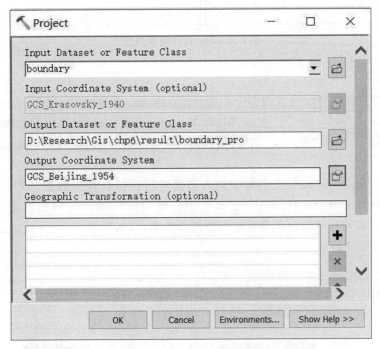

图 6.5　Project 操作界面

6.1.3　数据变换

数据变换是指对数据进行翻转、镜像、旋转等处理的操作。

6.1.3.1　翻转（Flip）

翻转是指把栅格数据沿着数据中心的水平轴线上下翻转。

（1）点击"ArcToolbox"，打开"Data Management Tools"工具箱中"Projections and Transformations"下的"Raster"工具集，双击"Flip"工具，打开 Flip 工具操作界面。

（2）在"Input Raster"文本框中输入待翻转处理的数据"FVC_1995. tif"。系统会在"Output Raster Dataset"文本框中自动设置好输出的栅格数据路径与名称（fvc_flip）。也可根据自己的需求进行设置。点击"OK"即可完成数据的翻转。操作对比结果如图 6.6 所示。

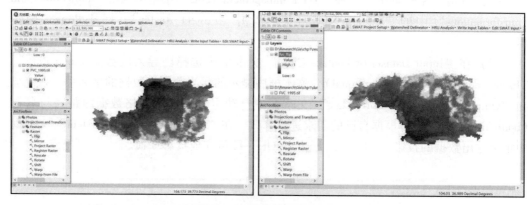

图6.6　Flip 操作结果对比

6.1.3.2　镜像（Mirror）

镜像是指把栅格数据沿着数据中心点的垂直轴线左右翻转。

（1）点击"ArcToolbox"，点击"Data Management Tools"工具箱中"Projections and Transformations"下的"Raster"工具集，双击"Mirror"工具，打开 Mirror 工具操作界面。

（2）在"Input Raster"文本框中输入需要进行镜像处理的数据"FVC_1995. tif"。系统会在"Output Raster Dataset"文本框中自动设置好输出的栅格数据路径与名称（fvc_mirror），也可根据自己的需求进行修改。单击"OK"即可进行行数据翻转。操作对比结果如图6.7所示。

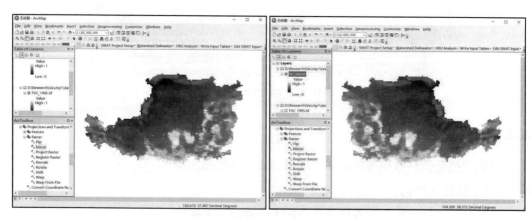

图6.7　Mirror 操作结果对比

6.1.3.3　旋转（Rotate）

旋转是指把原有栅格数据沿着指定的中心点旋转指定的角度[1]。

（1）点击"ArcToolbox"，在"Data Management Tools"菜单中打开"Projections and Transformations"中的"Raster"工具集，双击"Rotate"，打开 Rotate 工具操作界面。

（2）在"Input Raster"文本框中输入待镜像处理的数据"FVC_1995. tif"。系统会在"Output Raster Dataset"文本框中自动设置输出的栅格数据路径与名称（fvc_rotate），也可根据自己的需求进行修改。在"Angle"文本框中输入旋转的角度。"Pivot point"为可选项，选项为定义旋转中心点的 X、Y 坐标，默认旋转中心点是原始栅格数据的左下角点。点击"OK"按钮，完成数据翻转。操作结果对比如图 6.8 所示。

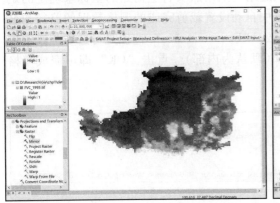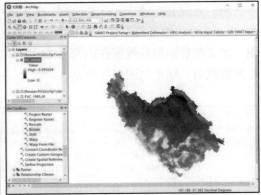

图 6.8　Rotate 操作结果对比

6.2　数据裁剪

在研究问题的过程中，由于数据与研究区域范围不匹配，需要对数据进行裁剪，以减少被加入问题研究中的不必要的数据。

6.2.1　矢量数据裁剪

（1）点击"Add Data"，选择数据文件 chp6 中的 6.2.1 文件夹，选择需要被裁剪的矢量数据"provinces"以及用来裁剪的矢量数据"boundary"，点击"Add"，完成数据的加载。

（2）点击"ArcToolbox"，在"ArcToolbox"菜单中打开"Analysis Tools"下的"Extract"工具集，双击"Clip"工具，打开 Clip 工具操作界面。

（3）在"Input Features"中选择待裁剪处理的矢量数据，这里选择数据"provinces"。在"Clip Features"文本框中添加用来裁剪的矢量数据，这里选择数据"boundary"。系统会在"Output Feature Class"文本框中自动设置完成裁剪处理后的矢量数据的路径与名称（clip.shp），也可根据自己的需求进行修改。"Cluster Tolerance"选项为可选项，用于确定容差的大小。点击"OK"按钮完成 Clip 操作。

6.2.2　栅格数据裁剪

6.2.2.1　利用矩形的裁切操作

（1）点击"Add Data"，选择数据文件 chp6 中的 6.2 文件夹，选择需要裁剪的栅格数据"dem"，点击"Add"完成数据的导入。

（2）点击"ArcToolbox"，在"ArcToolbox"菜单中打开"Spatial Analyst Tools"下的"Extraction"工具集，双击"Extract by Rectangle"工具，即可进入 Extract by Rectangle 工具操作界面。

（3）在"Input Raster"文本框中选择输入待裁切处理的栅格数据"dem"。在"Extent"文本框中输入裁剪的面积，裁剪面积是用左下角点及右上角点的坐标来确定的矩形面积。系统会在"Output Raster"文本框中自动设置裁剪完成的栅格数据的路径与名称（extract），也可根据自己的需求进行修改。"Extraction area"选项是可选项，该选项用于定义裁剪矩形的数据在内部或在外部（默认为内部）。点击"OK"即可完成栅格数据的裁剪，结果如图6.9所示。

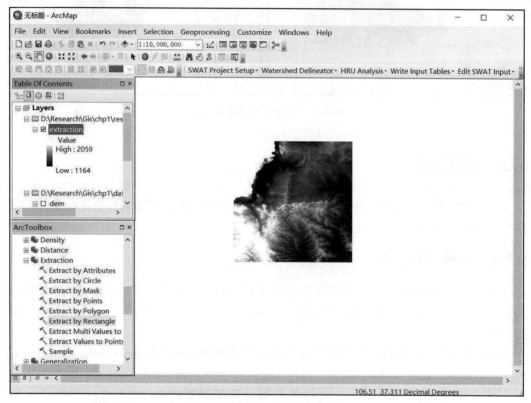

图6.9　栅格数据的裁剪结果

6.2.2.2　利用已有数据的裁剪操作

（1）点击"ArcToolbox"，在"ArcToolbox"菜单中打开"Spatial Analyst Tools"下的"Extraction"工具集，双击"Extract by Mask"工具，打开 Extract by Mask 工具操作界面。

（2）在"Input Raster"文本框中选择输入待裁剪处理的栅格数据"dem"。在"Input raster or feature mask data"文本框输入已有矢量或栅格数据对"dem"进行裁剪处理。系统会在"Output Raster"文本框中自动设定裁剪完成的栅格数据的路径与名称（extract_mask），也可根据自己的需求进行修改。结果如图6.10所示。

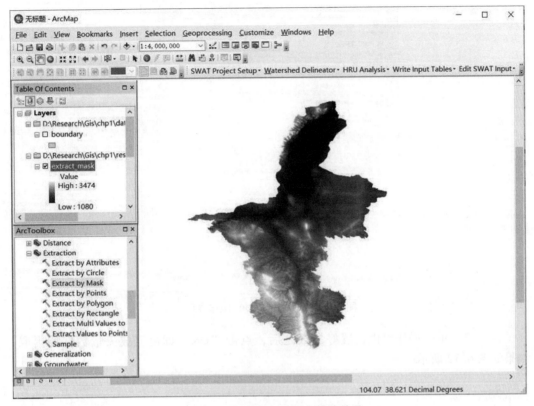

图 6.10　Extract by Mask 操作结果

6.3　数据提取

数据提取是从已有数据中，根据属性表内容选择符合条件的数据，构成新的数据层。

6.3.1　矢量数据提取

（1）点击"Add Data"，选择数据文件 chp6 中的 6.3 文件夹，加载"clip"数据。

（2）点击"ArcToolbox"，在"ArcToolbox"菜单中打开"Analysis Tools"下的"Extract"工具集，鼠标右键双击"Select"工具，打开 Select 工具操作界面。

（3）在"Input Features"文本框中选择待被提取的原始矢量数据"clip"。系统会在"Output Feature Class"文本框中自动设定提取完成的矢量数据的路径与名称（select. shp），也可根据自己的需求进行修改。单击"Expression（optional）"文本框旁边按钮，打开 Query Builder 操作界面，即可按照属性表进行矢量数据提取，并设置 SQL 表达式。这里设置"FID"＝0（图 6.11）。

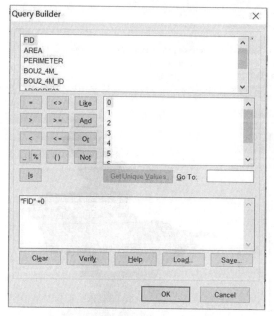

图 6.11　Query Builder 操作界面

　　（4）在 Select 操作界面设置好参数之后，点击"OK"即可完成矢量数据的提取，结果如图 6.12 所示。

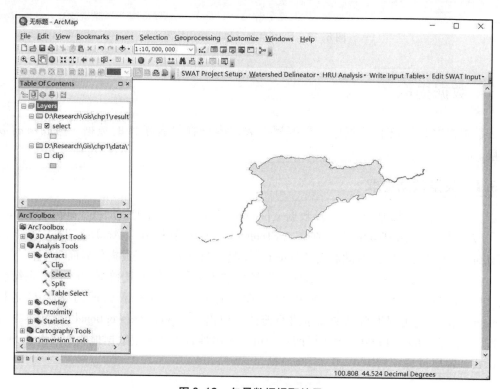

图 6.12　矢量数据提取结果

6.3.2 栅格数据提取

（1）点击"Add Data"，选择数据文件 chp6 中的 6.3 文件夹，对土地利用栅格数据"2010"进行数据加载。

（2）点击"ArcToolbox"，在"ArcToolbox"菜单中打开"Spatial Analyst Tools"下的"Extraction"工具集，双击"Extract by Attributes"工具，打开 Extract by Attributes 工具操作界面。

（3）在"Input Raster"文本框中选择输入土地利用栅格数据"2010_lucc. tif"。单击"Where clause"右边的按钮打开 Query Builder 操作界面，即可按照属性表中的类型进行栅格数据提取并设置 SQL 表达式，这里设置"OID" = 28（图 6.13），点击"OK"。系统会自动在"Output Raster"中设定提取完成的栅格数据的保存路径与名称（extract_ att），也可根据自己的需求进行修改。点击"OK"即可完成栅格数据的提取，结果如图 6.14 所示。

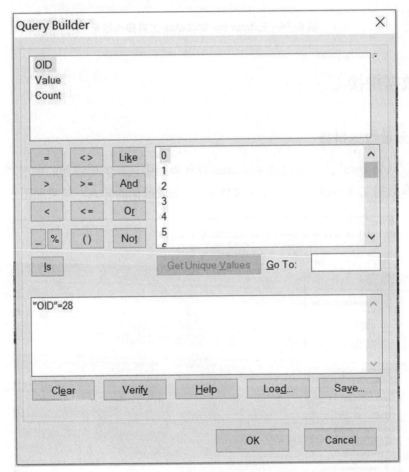

图 6.13 Query Builder 操作界面

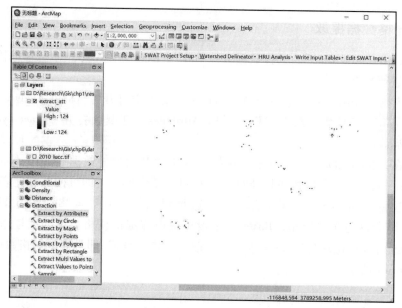

图 6.14   Extract by Attributes 工具操作结果

6.4   数据拼接

6.4.1   矢量数据拼接

点击"Add Data",在弹出的 Add Data 操作界面中选择需要拼接的数据"data1"和"data2"(数据文件 chp6 中的 6.4.1 文件夹),完成数据的导入。结果如图 6.15 所示。

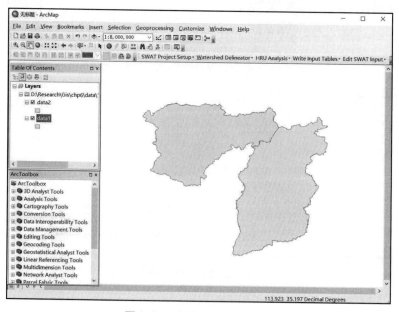

图 6.15   矢量数据导入结果

6.4.1.1　合并（Merge）工具法

（1）在"ArcToolbox"菜单中打开"Data Management Tools"下"General"工具集，双击"Merge"，打开 Merge 工具操作界面。

（2）在"Input Datasets"文本框下拉菜单中选中需拼接的数据"data1"和"data2"。在"Output Datasets"文本框中定义输出文件路径及名称为"merge"（图6.16）。

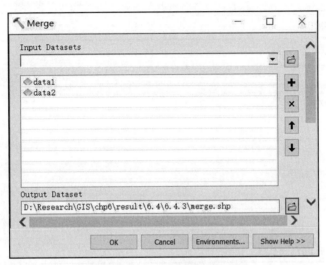

图 6.16　Merge 工具操作界面

（3）点击"OK"即可完成数据拼接，结果如图6.17所示。

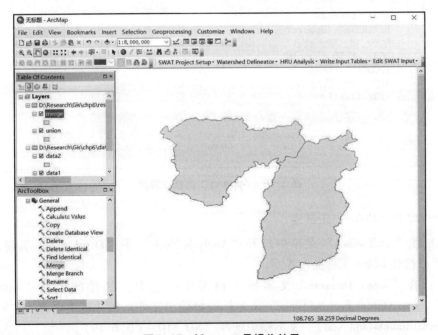

图 6.17　Merge 工具操作结果

6.4.1.2 追加（Append）工具法

（1）在"ArcToolbox"菜单中打开"Data Management Tools"下"General"工具集，双击"Append"工具，打开 Append 工具操作界面。

（2）在"Input Datasets"文本框下拉菜单中追加的数据"data1"。在"Target Dataset"文本框中定义被追加的数据"data2"，在"Schema Type"文本框中选中"NO_TEST"选项，点击"OK"即可完成数据追加（图6.18）。

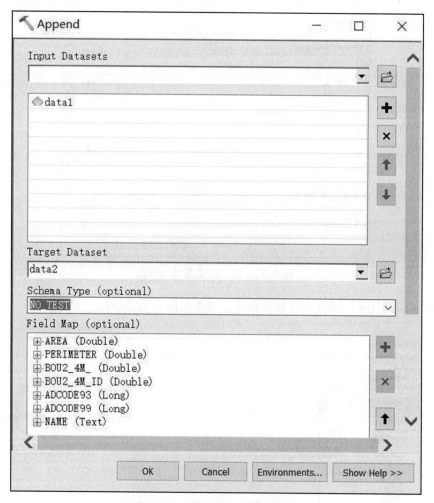

图6.18 Append 工具操作界面

6.4.1.3 联合（Union）工具法

（1）在"ArcToolbox"菜单中打开"Analysis Tools"下"Overlay"工具集，双击"Union"，打开 Union 工具操作界面。

（2）在"Input Datasets"文本框下拉菜单中选中需拼接的数据"data1"和"data2"。在"Output Feature Class"文本框选择输出文件路径并定义名称为"union"。在"JoinAttributes（optional）"文本框中选择"NO_FID"（图6.19）。

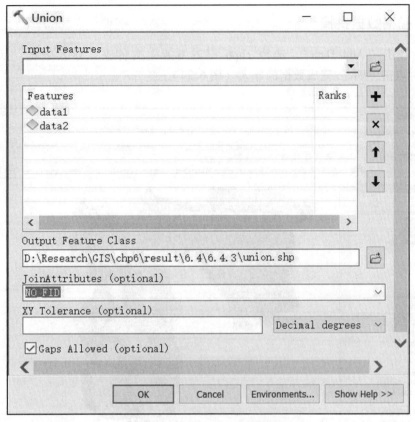

图 6.19　Union 工具操作界面

（3）点击"OK"即可完成数据拼接，结果如图 6.20 所示。

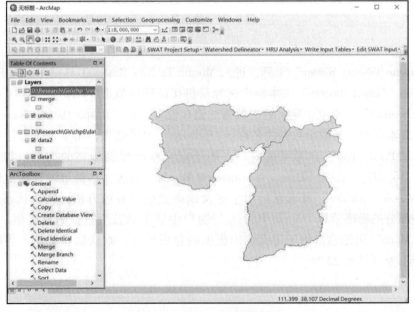

图 6.20　Union 工具操作结果

6.4.2　栅格数据拼接

（1）点击"Add Data"，选择 chp6 中的 6.4.2 文件夹，导入数据"data1"和"data2"，点击"OK"完成数据的导入（图6.21）。

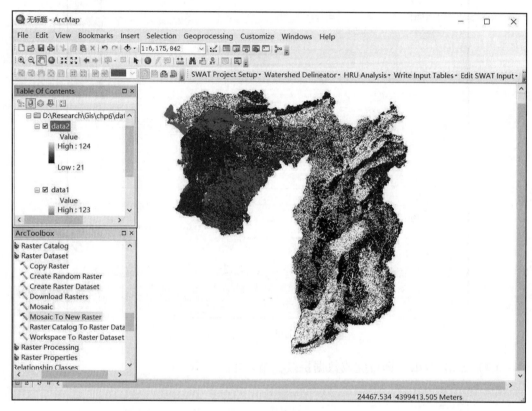

图6.21　数据导入

（2）在"ArcToolbox"菜单中打开"Data Management Tools"下"Raster"工具集，双击"Mosaic To New Raster"工具，进入 Mosaic To New Raster 工具操作界面。

（3）在"Input Rasters"文本框中选择待拼接的栅格数据"data1"和"data2"，在"Output Location"文本框中定义输出数据的储存位置，在"Raster Dataset Name with Extension"文本框中定义输出数据的名称。"Cellsize"为可选项，用于定义输出数据的栅格大小。"Pixel Type"亦为可选窗口，用于定义输出数据栅格的类型，如 8_BIT_SIGNED、16_BIT_UNSIGNED 等。"Number of Bands"可选文本框可设置输出数据的波段数。"Mosaic Operator"可选窗口用于定义镶嵌重叠部分的方法，默认状态"LAST"表示重叠部分的栅格值取"Input Rasters"窗口中展示的首个数据的栅格值。"Mosaic Colormap Mode"可选窗口用于定义输出数据的色彩模式，默认状态下输入各数据的色彩将保持不变（图6.22）。

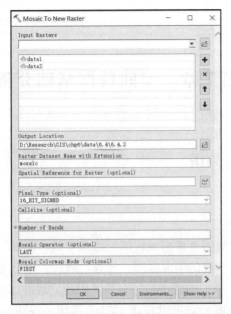

图 6.22　Mosaic To New Raster 工具操作界面

（4）参数设置完成后点击"OK"即可完成栅格数据的拼接，结果如图 6.23 所示。

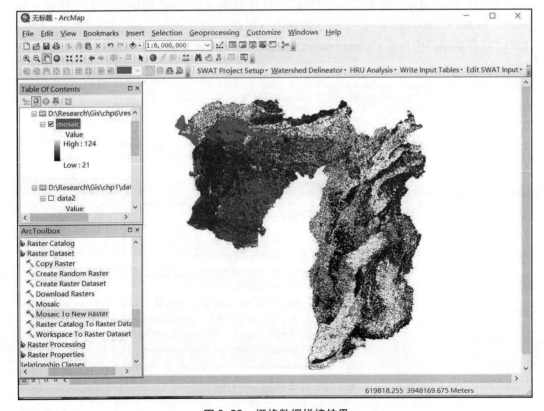

图 6.23　栅格数据拼接结果

第7章　空间数据基础分析

7.1　矢量数据空间分析

7.1.1　缓冲区分析

缓冲区是一种能反映地图要素影响范围的地理空间，例如一个污染源对周围水体的影响范围，或者规划一所学校的生源范围，等等。通过设定已知的影响范围，即可建立各类地图要素（点、线、面）的缓冲区。在 GIS 中建立缓冲区需要使用 Buffer Wizard 工具，通过人为规定缓冲距离，它可以在选定的（点状、线状、面状）矢量要素邻域建立特定的缓冲区。本章以一个区域内的四所学校各自的覆盖范围为例进行缓冲区分析。

7.1.1.1　点状要素普通缓冲区的建立

（1）打开 ArcMap，点击 "Add Data"，选择数据文件 chp7 中的 7.1.1 文件夹，对 "road" "school" 和 "area" 三个矢量数据进行加载。

（2）在菜单栏中单击 "Customize"，选中 "Customize Mode…" 标签（图 7.1）。

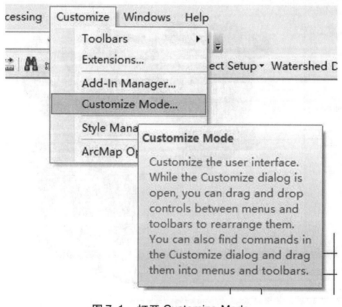

图 7.1　打开 Customize Mode

（3）在弹出的 Customize 界面中单击 "Commands"，在 "Categories" 一栏中找到并

选中"Tools"选项；在右侧"Commands"一栏中找到"Buffer Wizard..."工具（图 7.2）。

图 7.2　Customize 界面

（4）选中"Buffer Wizard..."后不松手，直接将该工具拖到 ArcMap 操作界面最顶栏即为添加成功（图 7.3）。

图 7.3　在菜单栏添加 Buffer Wizard

（5）点击要素选择工具，对已导入的矢量要素进行任意选择，以四处学校（school）为例，任意单击选中一所学校后，长按 shift 同时用鼠标点击其他学校即可实现多选，被选中的要素会高亮显示出来（图 7.4）。

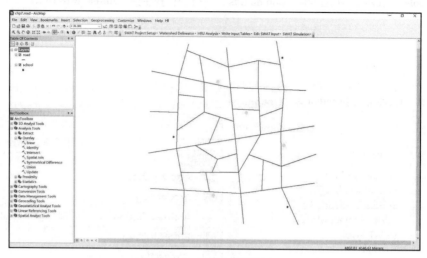

图 7.4　选中四所学校

（6）在选中要分析的四所学校后，点击刚添加的 Buffer Wizard 工具，在"The features of a layer"一栏中选择"school"，点击"下一页"（图 7.5）。

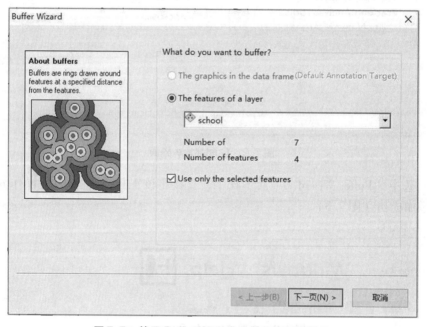

图 7.5　基于 Buffer Wizard 工具分析四所学校

（7）图 7.6 所示普通缓冲区分析设置的对话框给我们提供了 3 种创建缓冲区的方式：①通过指定的距离建立普通缓冲区（At a specified distance）；②使用已选矢量的某个属性值作为权值建立属性权值缓冲区（Based on a distance from an attribute）；③使用给定环的个数和间距建立分级缓冲区（As multiple buffer rings）。此处选择第一种进行分析：在"Buffer distance"中将单位设置成"Meters"；在"At a specified distance"后输入1000（可自行设置）作为设定的距离，点击"下一页"。

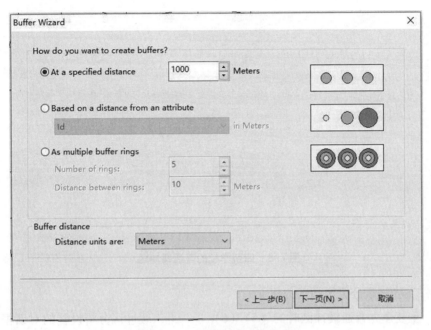

图7.6　普通缓冲区分析设置

（8）在"是否将相交的缓冲区融合在一起（Buffer output type）"选择处选取"Yes"，设置好保存路径（图7.7）。

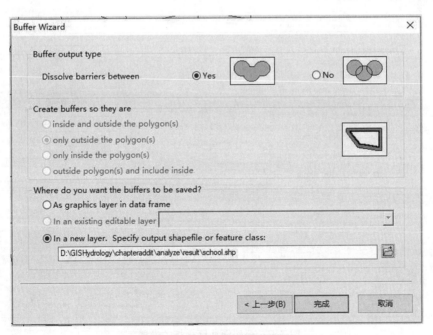

图7.7　缓冲区存放选择界面

（9）在设置好保存路径后点击"完成"，即可创建好四所学校的普通缓冲区（图7.8）。

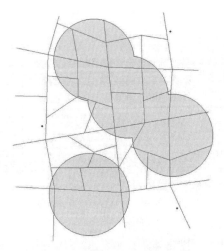

图7.8　四所学校的普通缓冲区

7.1.1.2　点状要素分级缓冲区的建立

（1）重复建立普通缓冲区时的（5）（6）步，进入缓冲区分析设置的对话框，选择"As multiple buffer rings"模式建立缓冲区，设置"Number of rings"为5，"Distance between rings"为200（图7.9），点击"下一页"。

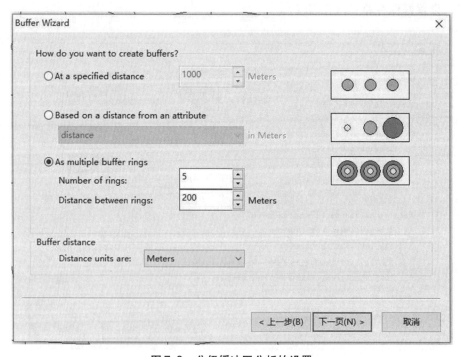

图7.9　分级缓冲区分析的设置

（2）在"Buffer output type"选择处选取"Yes"，设置好保存路径。生成的分级缓冲区结果如图 7.10。

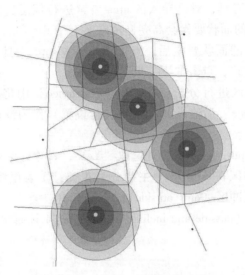

图 7.10　四所学校的分级缓冲区

7.1.1.3　线状要素缓冲区的建立

线状要素的缓冲区同样有着普通、属性权值和分级三种类型，但由于空间状态的差异，线状要素缓冲区的形态同点状要素缓冲区存在差异。创建线状要素缓冲区的操作步骤与前面创建点状要素缓冲区完全一致，本节不作赘述。图 7.11 为研究区域左上角一条小路的普通缓冲区建立结果。

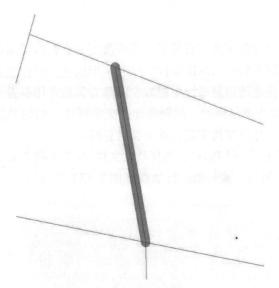

图 7.11　线状要素普通缓冲区

7.1.1.4 面状要素缓冲区的建立

我们以面状要素普通缓冲区为例展示具体操作步骤。

（1）点击要素选择工具，对已导入的 area 要素进行任意选择，在任意单击选中一个面状要素后，被选中的面状要素会高亮显示出来。

（2）在选中要分析的面状要素后，点击 Buffer Wizard 工具，在"The features of a layer"一栏中选择"area"，点击"下一页"。

（3）选择普通缓冲区进行分析：在"Buffer distance"中将单位设置成"Meters"；在"At a specified distance"后输入 1000（可自行设置）作为设定的距离，点击"下一页"。

（4）在"Buffer output type"选择处选取"Yes"，设置好保存路径。

（5）面状要素缓冲区在 ArcGIS 中主要分为 4 类：①表里缓冲区之和（inside and outside）；②仅有表层缓冲区（only outside）；③仅有里层缓冲区（only inside）；④表层缓冲区和原有图形之和（outside and include inside）。这 4 种面状要素缓冲区的创建结果如图 7.12 所示。

图 7.12　4 种面状要素普通缓冲区

7.1.2　叠置分析

叠置分析是对多个数据层面进行叠置，在不改变原有数据层面属性的前提下形成新的空间关系，以及将原有数据层面的属性联结起来形成新的属性关系，最终形成一个新的数据层面。因此，在地理信息系统中提取空间隐含信息常用叠置分析来实现。在 Arc-GIS 中，叠置分析被分为图层擦除、识别叠加、交集操作、均匀差值、图层合并和修正更新 6 类，本节将一一介绍如何实现这 6 类叠置分析。

打开 ArcMap，点击"Add Data"，选择数据文件 chp7 中的 7.1.2 文件夹，对"area"和"circle"两个面状矢量要素数据进行加载（图 7.13）。

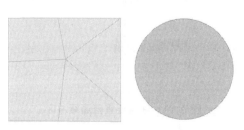

图 7.13　"area"与"circle"加载后示意

7.1.2.1　图层擦除

（1）点击"ArcToolbox"，在"Analysis Tools"中找到"Overlay"工具集，点击其中的"Erase"工具，其操作界面如图 7.14 所示。

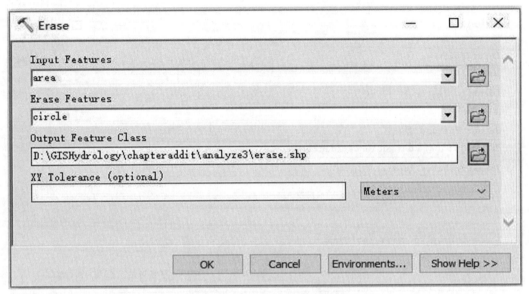

图 7.14　Erase 工具操作界面

（2）在"Input Features"一栏中选择"area"，在"Erase Features"一栏中选择"circle"，设置好保存路径后点击"OK"即可。图层擦除结果如图 7.15 所示。

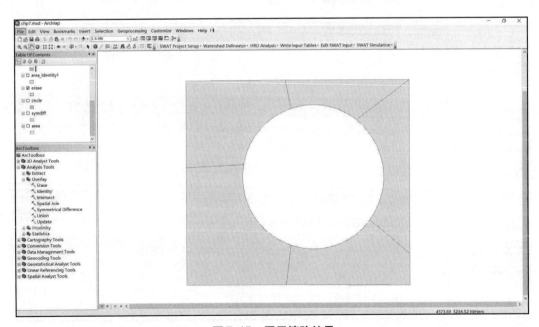

图 7.15　图层擦除结果

7.1.2.2 识别叠加

（1）点击"ArcToolbox"，在"Analysis Tools"中找到"Overlay"工具集，点击打开"Identity"工具，操作界面如图7.16所示。

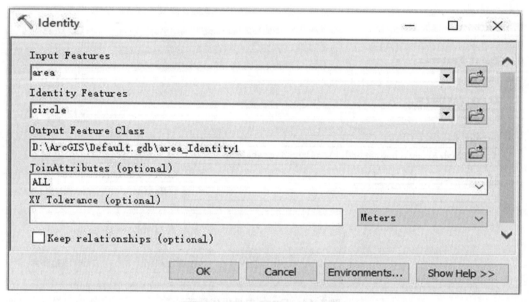

图7.16　打开 Identity 操作界面

（2）在"Input Features"一栏中选择"area"，在"Identity Features"一栏中选择"circle"，设置好保存路径后点击"OK"即可。识别叠加结果如图7.17所示。

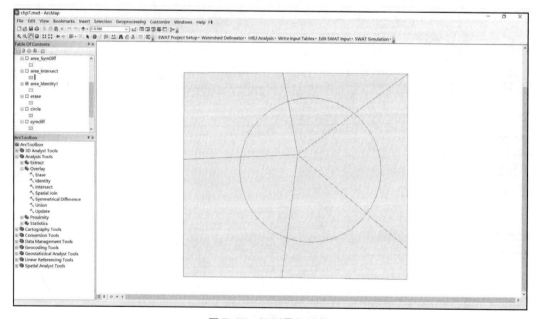

图7.17　识别叠加结果

7.1.2.3　交集操作

（1）点击"ArcToolbox"，在"Analysis Tools"中找到"Overlay"工具集，点击打开"Intersect"工具，操作界面如图7.18所示。

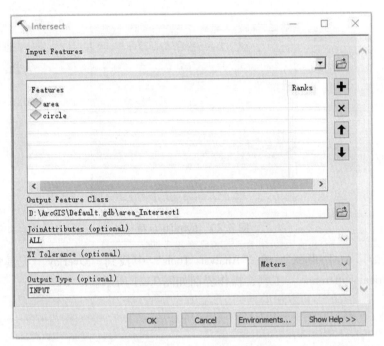

图 7.18　打开 Intersect 操作界面

（2）在"Input Features"一栏中分别选择"area"和"circle"后便会自动添加两元素，设置好保存路径后点击"OK"即可。交集操作结果如图7.19所示。

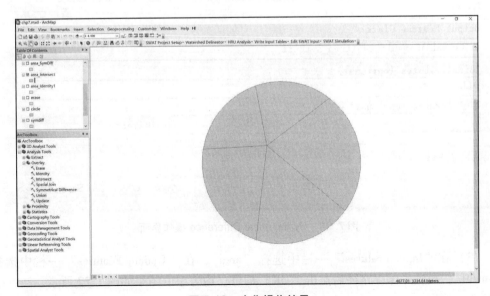

图 7.19　交集操作结果

7.1.2.4 均匀差值

（1）为了更好地区分不同叠置分析结果，可导入一个新的面状要素"symdiff"：点击"Add Data"，在 7.1.2 数据文件夹中点击"symdiff"数据进行加载（图 7.20）。

图 7.20 symdiff 示意

（2）点击"ArcToolbox"，在"Analysis Tools"中找到"Overlay"工具集，点击打开"Symmetrical Difference"工具，操作界面如图 7.21 所示。

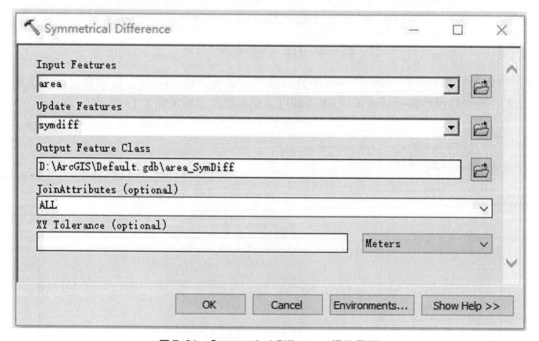

图 7.21 Symmetrical Difference 操作界面

（3）在"Input Features"一栏中选择"area"，在"Update Features"一栏中选择"symdiff"，设置好保存路径后点击"OK"即可。均匀差值结果如图 7.22 所示。

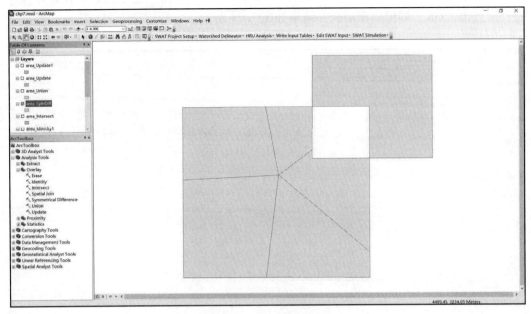

图 7.22　均匀差值结果

7.1.2.5　图层合并

（1）点击"ArcToolbox"，在"Analysis Tools"中找到"Overlay"工具集，点击打开"Union"工具，操作界面如图 7.23 所示。

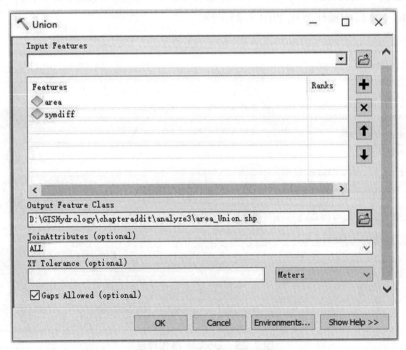

图 7.23　Union 工具操作界面

（2）在"Input Features"一栏中选择"area"和"symdiff"两个元素，设置好保存路径后点击"OK"即可。图层合并结果如图7.24所示。

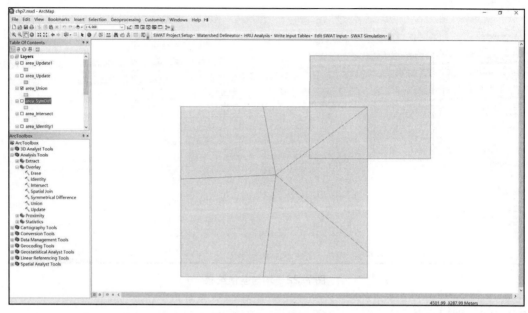

图 7.24　图层合并结果

7.1.2.6　修正更新

（1）点击"ArcToolbox"，在"Analysis Tools"中找到"Overlay"工具集，点击打开"Update"工具，操作界面如图7.25所示。

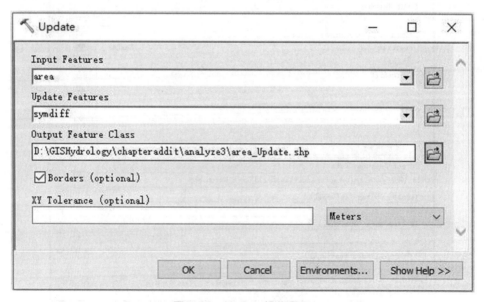

图 7.25　Update 操作界面

（2）在"Input Features"一栏中选择"area"，在"Update Features"一栏中选择"symdiff"，设置好保存路径。

（3）在 ArcGIS 中，修正更新也分为有边界和无边界两种，若勾选"Borders"，则为有边界（图 7.26），否则为无边界（图 7.27）。

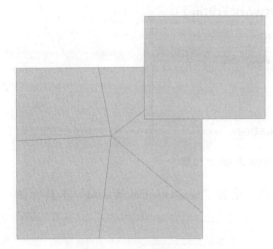
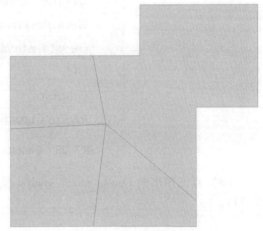

图 7.26　有边界结果　　　　　　　　　图 7.27　无边界结果

7.2　空间插值分析

地统计分析，是指对地理数据与空间或时空现象相关值的分析和预测，被广泛应用于许多领域。地统计分析在 ArcGIS 中的对应模块为 Geostatistical Analyst 模块，其中包含了反距离加权插值、全局性插值、径向基函数插值和克里金插值等多种插值方法，本书挑选其中 4 种插值方法进行介绍。

7.2.1　反距离加权插值

反距离加权插值法（inverse distance weight，IDW）认为物体是相近相似的，物体之间的距离跟它们之间性质的相似度息息相关，距离越近的物体性质也越相似。依据这一原理，IDW 将样本点和预测点之间的距离设定为加权平均中的权重值，权重值与两点之间的距离呈负相关关系，距离越近则权重越大。IDW 的优点是公式较为简单，适用于样点散乱、不是网格点的情况。IDW 中空间插值等值线的结构可以通过设定不同的权重来调整，但如果对研究区域的结果分布特征不够了解，不合理的权重反而会导致误差。而在样本点比较多时，IDW 的计算工作量比较大。该方法在 ArcGIS 中的具体操作如下。

7.2.1.1　准备工作

（1）打开 ArcMap，点击"Add Data"，选择数据文件 chp7 中的 7.2 文件夹，对"point"和"广东省"进行数据加载。

（2）在工具栏空白处点击鼠标右键，在弹出的工具条中找到并选择"Geostatistical

Analyst"（图7.28）。

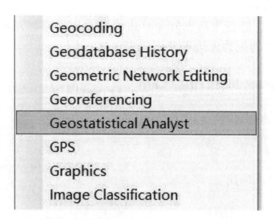

图7.28　Geostatistical Analyst 位置

（3）点击弹出的 Geostatistical Analyst 模块，选择"Geostatistical Wizard"工具（图7.29）。

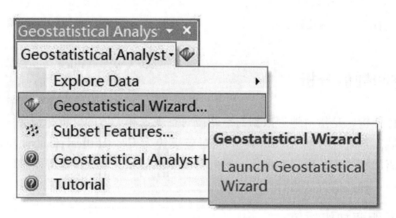

图7.29　Geostatistical Wizard 工具

7.2.1.2　IDW 插值

（1）在点击"Geostatistical Wizard"后弹出的对话框中选择"Inverse Distance Weighting"（"Methods"为 ArcGIS 中的不同空间插值方法）。

（2）在"Input Data"菜单中的"Source Dataset"选择"point"，在"Data Field"中选择"Precipitat"，"Weight Field"暂不考虑，点击"Next"（图7.30）。

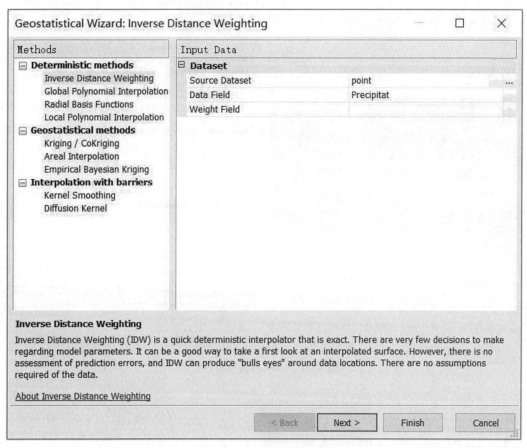

图 7.30　IDW 初始操作界面

（3）在弹出的参数设置界面中，右侧各项参数分别为：①反距离加权法确定权重的计算公式中的 p 值（Power）；②预测点的效果图（Neighborhood type）；③在搜索半径内最多能使用的预测点的量（Maximum neighbors）；④在搜索半径内最少要使用的预测点的量（Minimum neighbors）；⑤扇区形状（Sector type）。在此界面可以自由设置不同参数组合来使插值效果达到最佳。此处以默认参数组合为例继续，单击"Next"（图 7.31）。

（4）弹出的窗口为预测图（图 7.32），其中右上方的图中，横坐标 Measured 代表样本的真实点，纵坐标 Predicted 代表内插出的预测点，蓝线代表预测点和样本点的线性关系，蓝线越贴近于灰线，代表预测的误差越小，预测效果越好。若误差过大，则可点击"Back"返回参数设置界面重新设置参数，以减小误差。

遥感与智能 空间信息技术实习教材

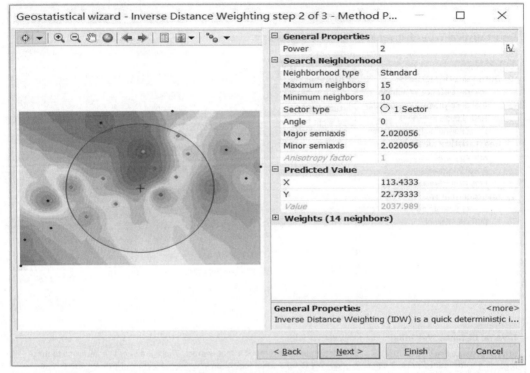

图 7.31　IDW 参数设置界面

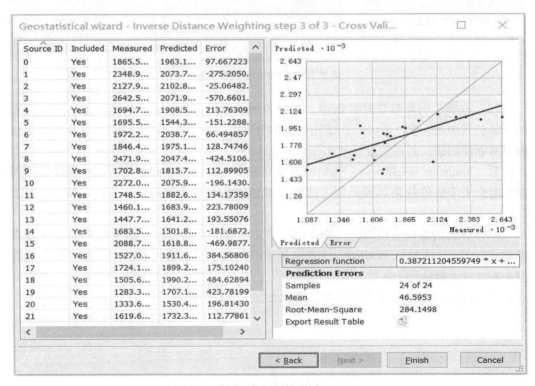

图 7.32　IDW 预测

（5）当内插效果达到预期水平后，单击"Finish"，弹出图 7.33 所示窗口，为本次 IDW 插值使用的参数组合，最终的插值结果如图 7.34 所示。

图 7.33　IDW 参数组合

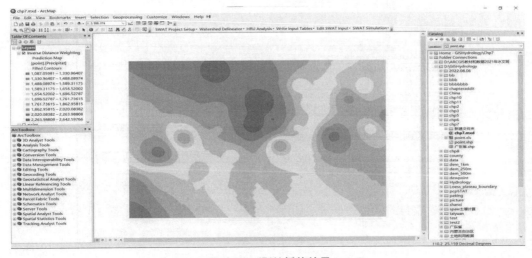

图 7.34　IDW 插值结果

（6）通过上述步骤得到的结果只是一个临时文件，若想对其编辑，则需先将其转存为栅格数据。首先在"Table Of Contents"一栏中右击"Inverse Distance Weighting"，选择"Data"，再点击"Export To Raster…"（图7.35）。

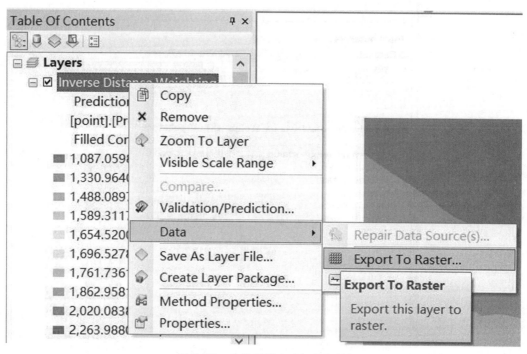

图7.35　将结果转存为栅格数据

（7）弹出 GA Layer To Grid 操作界面，在"Input geostatistical layer"一栏输入"Inverse Distance Weighting"，在"Output surface raster"一栏中设置好保存路径（图7.36），点击"OK"即可，其生成结果如图7.37所示。

图7.36　IDW 结果转为栅格操作界面

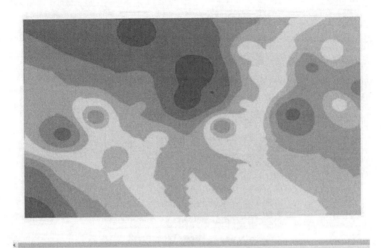

图 7.37　IDW 转存为栅格结果

（8）在"ArcToolbox"中点击"Spatial Analyst Tools"一栏，选择"Extraction"，再单击打开"Extract by Mask"工具。

（9）在 Extract by Mask 界面中的"Input raster"一栏中选择"GA Layer To Grid"，在"Input raster or feature mask data"一栏中选择"广东省"，设置好保存路径后点击"OK"，生成结果（Extract_GALa1）如图 7.38 所示。

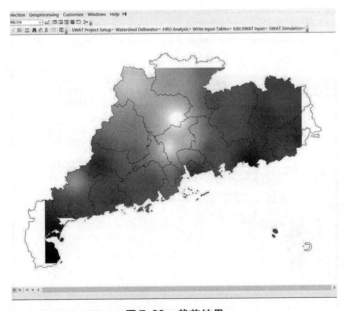

图 7.38　裁剪结果

（10）为了更加直观地观察不同插值方法结果的异同，我们还需要将裁剪出的结果进行分类上色。在"Table Of Contents"中右击"Extract_GALa1"，点击"Properties…"打开属性设置界面（图7.39）。

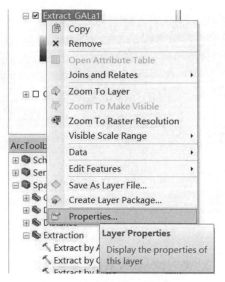

图7.39　打开属性设置界面

（11）在 Symbology 窗口下左侧"Show"一栏中点击"Classified"，右侧中间"Classes"选择5，"Color Ramp"设置为自己喜欢的颜色，点击右下角"应用"即可。此处为了使最终结果图的轮廓更为清晰，特将广东省矢量边界放到 IDW 结果图层上方，并将其颜色设为"Hollow"，只显示轮廓线（图7.40）。

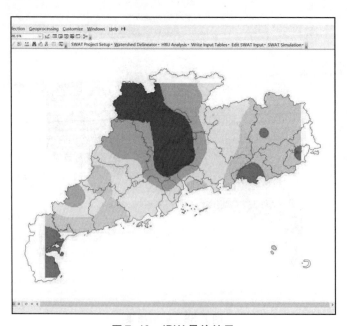

图7.40　IDW 最终结果

7.2.2　全局性插值

全局性插值（global polynomial interpolation，GPI）针对一个平面或曲面进行全区特征拟合，具体原理：基于整个研究区的样本点，通过一个多项式对预测值进行计算，从而达到插值效果。GPI 适用的情况有两种：一是研究区域的表面变化缓慢时，因为其生成的表面较易受到极端样点值的影响且计算复杂、多项式系数物理意义模糊；二是检验全局性的、长期变化的趋势的影响。该方法在 ArcGIS 中的具体操作如下。

7.2.2.1　准备工作

（1）打开 ArcMap，点击"Add Data"，选择 7.2 数据文件夹中的"point"和"广东省"进行数据加载。

（2）在工具栏空白处右击鼠标，在弹出的工具条中找到并选择"Geostatistical Analyst"。

（3）点击弹出的 Geostatistical Analyst 模块，选择"Geostatistical Wizard"工具。

7.2.2.2　GPI 插值

（1）在 Geostatistical Wizard 初始对话框中点击"Global Polynomial Interpolation"。

（2）在"Input Data"菜单中的"Source Dataset"选择"point"，在"Data Field"中选择"Precipitat"，"Weight Field"暂不考虑，点击"Next"（图 7.41）。

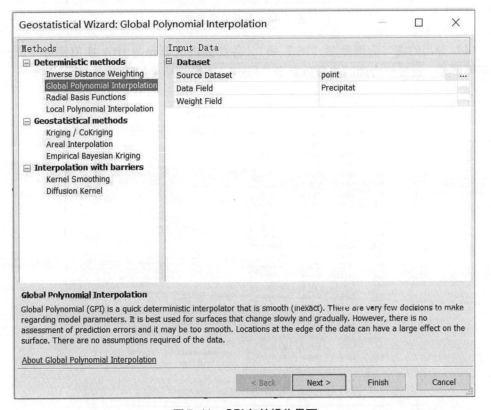

图 7.41　GPI 初始操作界面

（3）弹出的窗口为参数设置窗口，"Order of polynomial"表示用于表面拟合的多项式的次数，次数越高，拟合的表面越光滑，越低则越粗糙。但最优拟合次数需要慢慢调试，此处以1次为例继续插值，点击"Next"（图7.42）。

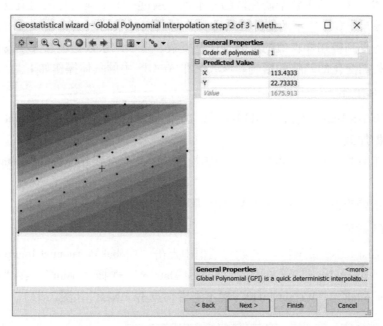

图 7.42　参数设置界面

（4）弹出的窗口为预测图（图7.43），各部分内容解释与 IDW 插值部分一样，此处不再赘述。设置好合理的参数后点击"Finish"，最终结果如图7.44所示。

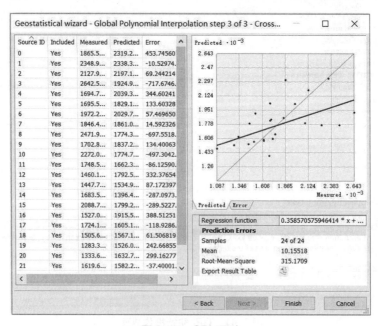

图 7.43　GPI 预测

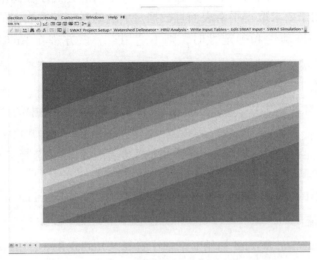

图 7.44　GPI 结果

（5）重复 7.2.1.2 节中（6）—（11）步后可以得到最终的广东省 GPI 插值结果
（图 7.45）。

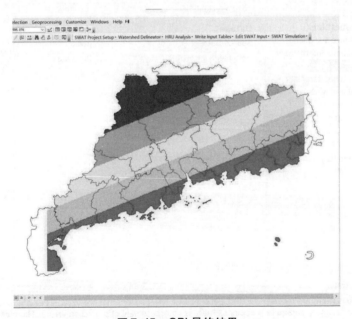

图 7.45　GPI 最终结果

7.2.3　径向基函数插值

径向基函数插值（radial basis functions，RBF）从概念上来说，是通过插入一个软膜，使表面的总曲率最小的同时使软膜过各个已知样本点的方法。RBF 中的径向基函数可以分为 5 类，分别为张力样条函数、平面样条函数、高次曲面函数、规则样条函数和反高次曲面样条函数。不同的基本函数意味着将以不同的方式使径向基表面穿过各已知样本点。RBF 适用于要求取得平滑表面且数据量大的情景；而在表面值变化较大或无法确定采样点数据的准确性和确定性时，则不适用[1]。该方法在 ArcGIS 中的具体操作如下。

7.2.3.1 准备工作

（1）打开 ArcMap，点击"Add Data"，选择7.2 数据文件夹中的"point"和"广东省"进行数据加载。

（2）在工具栏空白处右击鼠标，在弹出的工具条中找到并选择"Geostatistical Analyst"。

（3）单击弹出的 Geostatistical Analyst 模块，选择"Geostatistical Wizard"工具。

7.2.3.2 RBF 插值

（1）在 Geostatistical Wizard 初始对话框中选择"Radial Basis Functions"。

（2）在"Input Data"菜单中的"Source Dataset"选择"point"，在"Data Field"中选择"Precipitat"，点击"Next"（图7.46）。

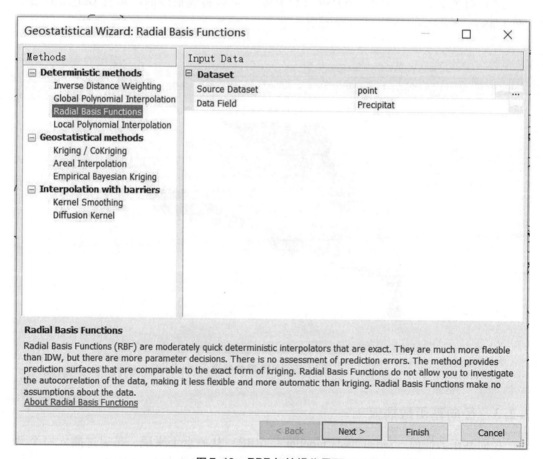

图 7.46　RBF 初始操作界面

（3）弹出窗口为 RBF 的参数设置界面（图 7.47），在"Kernel Function"中有以下几种可以选择的函数：①规则样条函数（Completely regularized spline）；②平面样条函数（Thin-plate spline）；③张力样条函数（Spline with tension）；④高次曲面函数（Multiquadric functions）；⑤反高次曲面样条函数（Inverse multiquadric spline）。下一行中的"Kernel Parameter"是表面光滑度的参数，对于反高次曲面样条函数来说，该参数越小，表面越平滑；对于其他函数则反之，参数越大，表面越平滑。此处我们依然使用默认参数组合继续插值，点击"Next"。

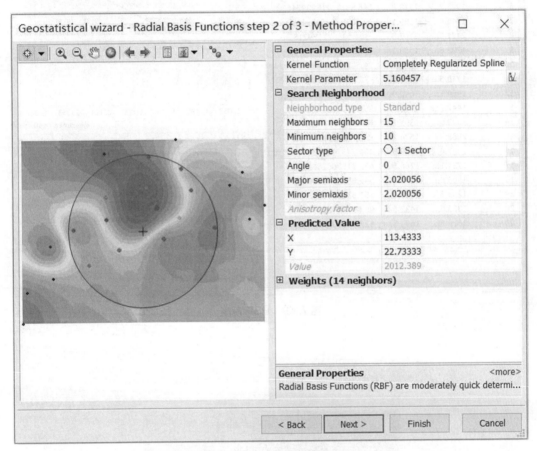

图 7.47　参数设置界面

（4）弹出的窗口为 RBF 的预测图（图 7.48），各部分内容解释与 IDW 插值部分一样，此处不再赘述。设置好合理的参数后点击"Finish"，最终结果如图 7.49 所示。

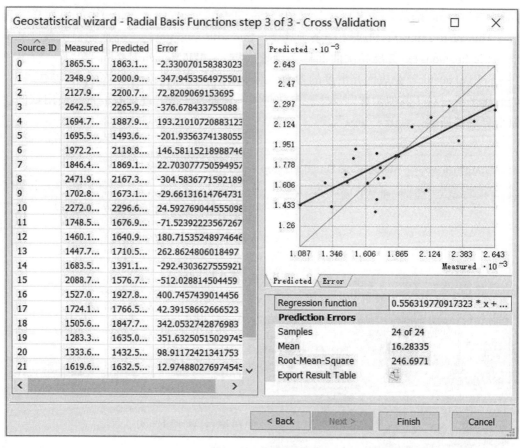

图 7.48　RBF 预测

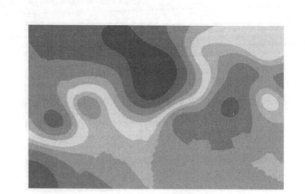

图 7.49　RBF 结果

（5）同样，重复 7.2.1.2 节中（6）—（11）步后可以得到广东省的 RBF 插值结果（图 7.50）。

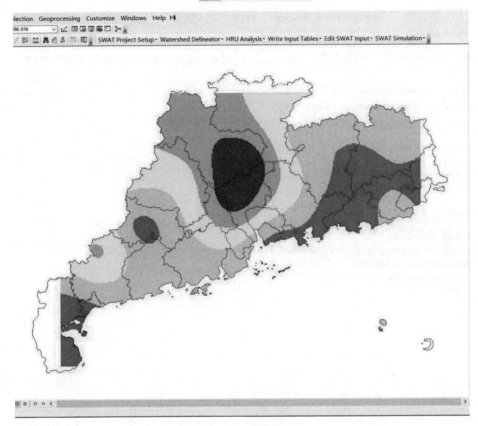

图 7.50　RBF 最终结果

7.2.4　克里金插值

克里金（Kriging）插值适用于区域化变量存在空间相关性，且由结构分析和变异函数的结果表明的情况。即区域化变量存在空间相关性时可以利用克里金插值方法进行分析。Kriging 插值的原理是结合变量的结构特点，对待插值点进行线性无偏最优估计[2]，对未知样本点进行线性无偏最优估计。Kriging 插值的优点是考虑了样本点的形状、大小、空间方位，以及与未知样点的相互空间位置关系。相比 IDW，Kriging 插值可以通过误差等值线确定预测区的误差范围大小，更客观真实；其缺点是要求空间数据点的数量较多，故数据应尽量充分[3]。该方法在 ArcGIS 中的具体操作如下。

7.2.4.1　准备工作

（1）打开 ArcMap，点击 "Add Data"，选择 7.2 数据文件夹中的 "point" 和 "广东省" 进行数据加载。

（2）在工具栏空白处右击鼠标，在弹出的工具条中找到并选择 "Geostatistical Analyst"。

（3）点击弹出的 Geostatistical Analyst 模块，选择"Geostatistical Wizard"工具。

7.2.4.2　Kriging 插值

（1）在点击"Geostatistical Wizard"后弹出的对话框中选择"Kriging/Cokriging"。

（2）在"Input Data"菜单中的"Source Dataset"选择"point"，在"Data Field"中选择"Precipitat"，下面 3 个"Dataset"暂时不考虑，点击"Next"（图 7.51）。

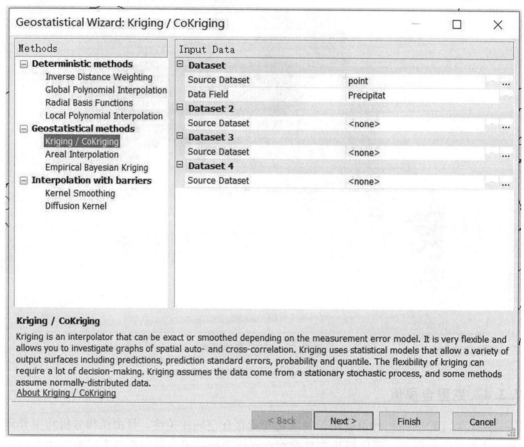

图 7.51　Kriging 初始操作界面

（3）在弹出的方法选择窗口中可见克里金插值又可分为 Ordinary、Simple、Universal、Indicator、Probability、Disjunctive 6 种。具体的选择标准：当数据不服从简单分布时选用 Disjunctive；当数据存在主导趋势时选用 Universal；当只需了解属性值是否超过某一阈值时选用 Indicator；当假设属性值的期望值为某一已知常数时选用 Simple；当假设属性值的期望值是未知的则选用 Ordinary。此处我们使用 Simple，点击"Next"进入下一步（图 7.52）。

（4）弹出为数据分布窗口（图 7.53），此处点击"Next"得到 Semivariogram/Covariance Modeling 窗口（图 7.54），继续点击"Next"。

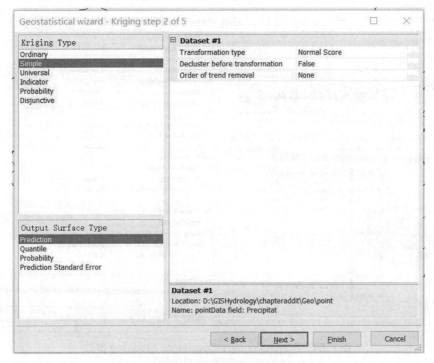

图 7.52　方法选择界面

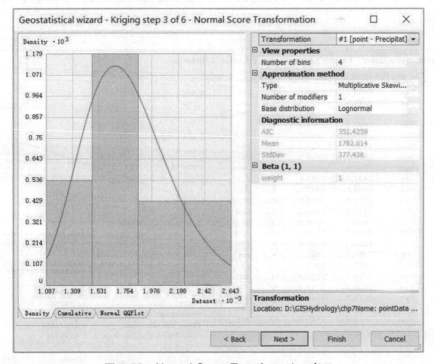

图 7.53　Normal Score Transformation 窗口

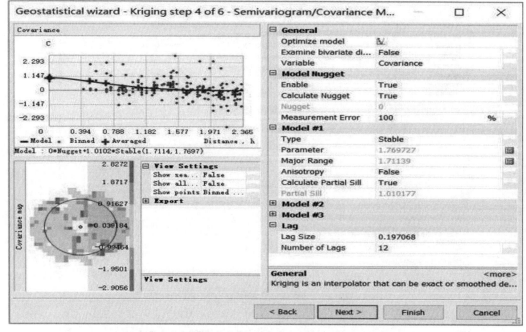

图 7.54　Semivariogram/Covariance Modeling 窗口

（5）在弹出的 Searching Neighborhood 窗口中继续点击"Next"。

（6）得到 Kriging 的预测图（图 7.55），参数设置合理后点击"Finish"，得到结果（图 7.56）。

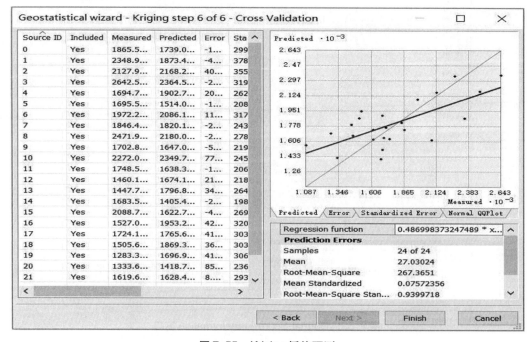

图 7.55　Kriging 插值预测

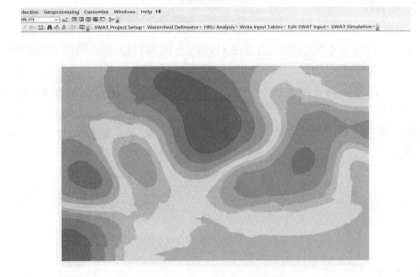

图 7.56　Kriging 插值结果

（7）同样，重复 7.2.1.2 节中（6）—（11）步后可以得到广东省的 Kriging 插值结果（图 7.57）。

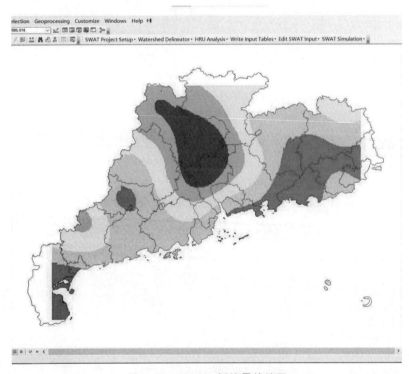

图 7.57　Kriging 插值最终结果

本章参考文献

［1］孟雪莹，张新新. 不同空间插值方法对圩畈土壤属性空间预测精度的影响［J］. 黑龙江工程学院学报，2020，34（1）：5.

［2］郑向向，帅向华. 基于地质统计方法与 DEM 的地震灾情空间插值研究［J］. 地震学报，2013，35（4）：11.

［3］王燕红. 基于 VTK 的地质体真三维可视化原理和方法初探［D］. 长沙：中南大学，2009.

第 8 章　地图编制

地图编制是一个复杂的过程，同时也是很多工作的最后一步，我们需要将各种分析得到的结果以地图的形式导出，这其中涉及图面尺寸设置，经纬网的制作，图例、比例尺的添加等诸多步骤。下面以第 7 章中的 IDW 插值结果为例，介绍这些步骤在 ArcGIS 中是如何实现并最终导出一幅地图的。

8.1　数据准备

打开 ArcMap，点击 "Add Data"，选择数据文件 chp8 中的 "广东省" 和 "idw" 进行图层加载。对 Precipitation 图层进行重分类上色，具体请参照第 7 章 7.2.1.2 节中的步骤 (10) 和 (11)（IDW 插值）。添加 "广东省" 和 "idw" 图层后的结果如图 8.1 所示。

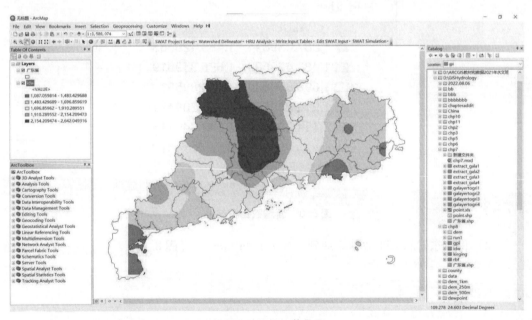

图 8.1　图层加载结果

将 4 种空间插值方法的最终结果展示在一张图内，需要在 GIS 中通过添加新图层来实现，具体操作如下：

（1）鼠标点击工具栏最顶栏的 "Insert" 工具集，然后点击 "Data Frame"（图 8.2），新增数据框如图 8.3 所示。

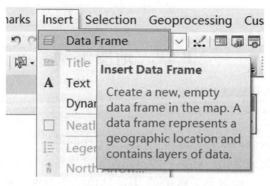

图8.2　添加新图层

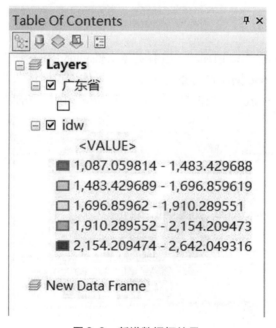

图8.3　新增数据框结果

（2）将广东省和 GPI 数据添加到"New Data Frame"（图8.4）。

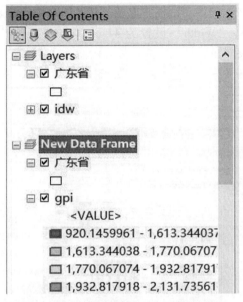

图 8.4　在新数据框中添加广东省和 GPI

（3）重复上述操作，依次将剩余的 RBF 插值和 Kriging 插值添加到一个全新的图层内。

8.2　制图

8.2.1　图幅尺寸设置

首先，点击左上角的"File"，往下找到并点击"Page and Print Setup…"（图 8.5）。

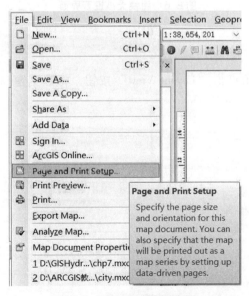

图 8.5　图面尺寸设置选项

在 Page and Print Setup 初始对话框中取消"Use Printer Page Settings"的勾选，再手动修改页面尺寸，本章将"Width"设置为 44 cm，将"Height"设置为 36 cm，点击"OK"即为设置完毕（图 8.6）。

图 8.6　图幅大小设置界面

8.2.2　调整布局

在 ArcMap 的左下角点击"Layout View"按钮，将数据窗口切换成布局窗口（图8.7）。

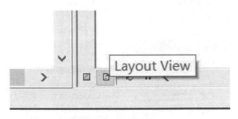

图 8.7　切换窗口

此时的软件界面会有 5 个部分（图 8.8），最大的黑色矩形为出图范围，即 8.2.1 节中设置的图面，最终导出的地图边界即为这个矩形的边界。四个内含图像的小矩形分别对应 4 个图层，选中任意一个，左侧图层界面中会出现相应的选中标记。

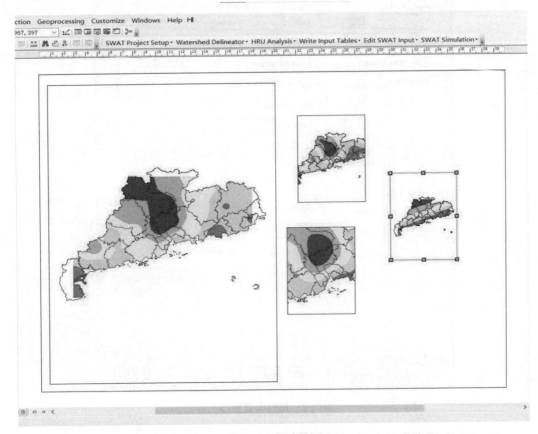

图 8.8　初始界面

　　下面对图像大小、位置进行调整。调整的方法主要有 3 种：一是返回原来的数据窗口，切换成手型工具对图像进行大小的缩放以及位置的调整，这时候切回布局窗口可以发现该窗口中的图像也会发生与之对应的变化。二是保持布局窗口不变，选中想要调整的图像，用鼠标对矩形边框进行放缩或拉伸就可以做大小与位置的调整。三是在布局窗口中通过属性窗口直接对图层进行调整。我们选择第三种方法为例进行调整，具体操作如下：

　　（1）选中需要调整的图层，右击后选择"Properties"（图 8.9），在弹出的属性窗口中选择"Size and Position"，然后在 Size 窗口设置"Width"为 18 cm，"Height"为 13 cm。

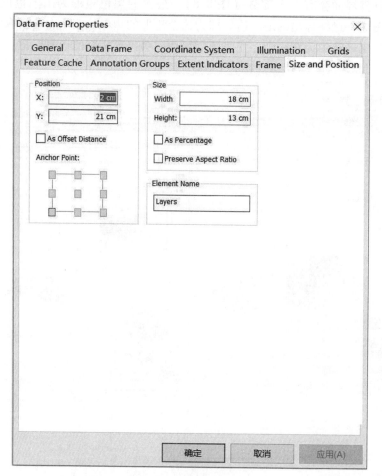

图8.9　属性设置窗口

（2）依然是属性设置窗口，通过对"Position"一栏中的 X，Y 坐标值的设定，我们可以将对应图层移动到指定位置，其中 (X, Y) 坐标值代表每个图层左下角点的坐标，坐标系的原点为输出边界的左下角。

（3）依次对每个图层设置好相同的 Size 和对应的 Position 后，再右击每个图层，然后点击"Full Extent"即可使图像充满整个图层，结果如图 8.10 所示，分别对应 IDW（左上）、GPI（右上）、RBF（左下）、Kriging（右下）4 种空间插值方法的插值结果。

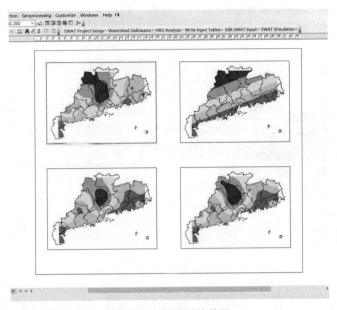

图 8.10　调整后的效果

8.2.3　创建经纬网

右击主图层，点击打开"Properties…"（图 8.11）。找到 Properties 中的 Grid 窗口，点击"New Grid"，创建新的经纬网（图 8.12）。

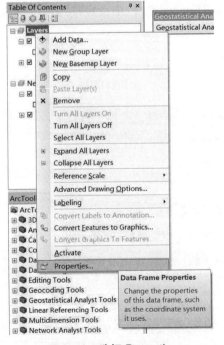

图 8.11　选择 Properties

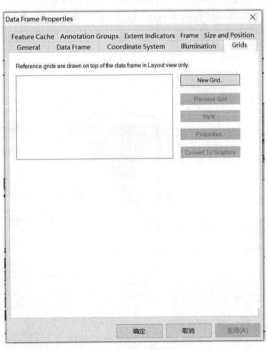

图 8.12　Properties 窗口

进入 Grids and Graticules Wizard 窗口，选择 "Graticule：divides map by meridians and parallels"（图 8.13），点击 "下一页"。

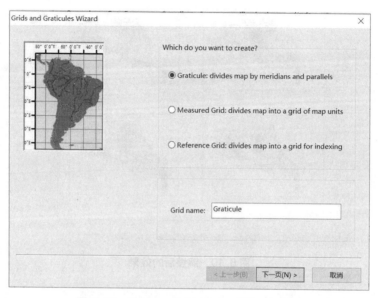

图 8.13　Grids and Graticules Wizard 窗口

新弹窗中 "Appearance" 为经纬线的显示形式，其中 "Labels only" 表示只有边缘的 4 条经纬轴；"Tick marks and labels" 表示不仅有 4 条经纬轴，在图像上还有十字交叉的经纬虚线；"Graticule and labels" 表示有两两垂直的实经纬线和 4 条轴。此处选择第一种作为例子进行展示（图 8.14）。在下面的 "Intervals" 栏中设置经纬度的间隔均为 2°，然后点击 "下一页"。

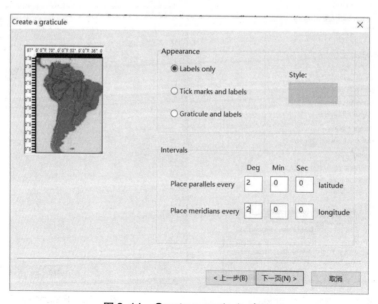

图 8.14　Create a graticule 窗口

弹出 Axes and labels 窗口（图8.15），点击"下一页"即可；弹出 Create a graticule 窗口（图8.16），点击"Finish"即可。

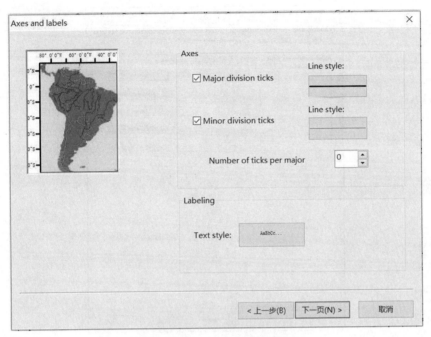

图 8.15　Axes and labels 窗口

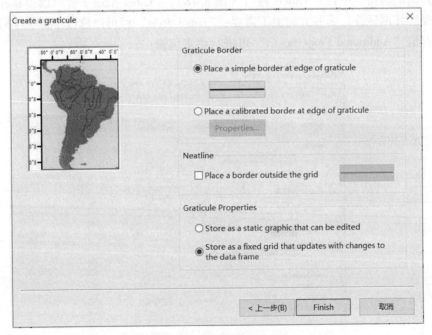

图 8.16　Create a graticule 窗口

创建好后会自动退出到 Grid 窗口, 此时的经纬网还不够美观, 且标注过长太占空间, 因此需要进一步美化 (图8.17)。点击 "Properties…", 对已创建的经纬网属性进行编辑。

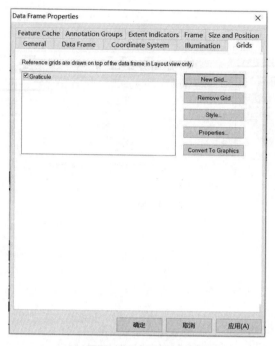

图 8.17 Grid 窗口

在弹出的新窗口中打开 Labels 窗口 (图8.18), "Label Axes" 栏可以设置在哪些方向上需要经纬网标注, 哪些方向上不需要; "Label Style" 栏可以修改字体、字号等多种属性。点击 "Additional Properties…" 可进行更多编辑。

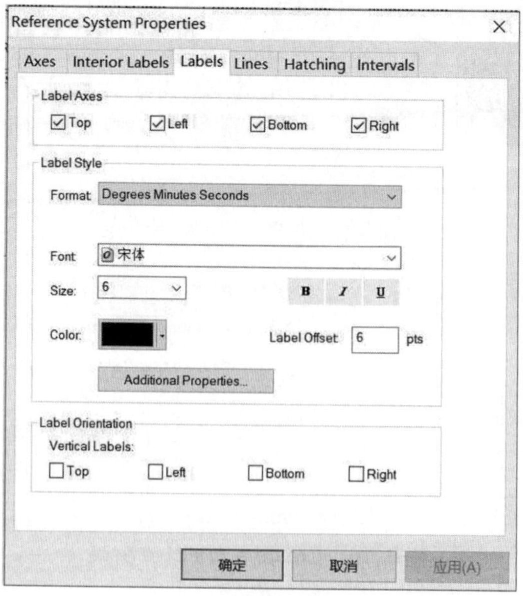

图 8.18 Properties 窗口

在 DMS Labels 窗口中（图 8.19）取消勾选"Show zero minutes"和"Show zero sec-onds"，可达到缩短经纬度字符串的目的（只显示度，不显示分和秒）。

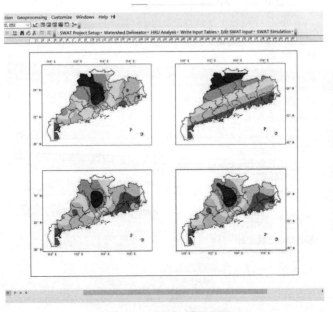

图 8.19　DMS Labels 窗口

通过上述设置再回到最初的 Grid 窗口（图 8.17），点击右下角"应用"，然后点击"确定"，对 4 个图层分别设置经纬网后的最终结果如图 8.20 所示。

图 8.20　添加经纬网结果

8.2.4 添加标题

点击"Insert"工具栏中的"Title"或"Text"（图 8.21），输入文本：IDW 插值结果。

图 8.21 Insert 工具栏

双击已生成的标题文本（一般在视图中央）进行编辑（图 8.22），在 Properties 窗口中点击右下角的"Change Symbol"按钮。

图 8.22 Properties 窗口

在弹出的 Symbol Selector 窗口中（图 8.23），我们可以自由选择标题使用字体和字号，这里设置成宋体 28 号字，点击"OK"，再单击图 8.22 右下角的"应用"即为修改完毕，将标题拖到合适的位置即为添加完毕。对于其他 3 个图层进行同样的操作即可添加对应的标题。

图 8.23　Symbol Selector 窗口

8.2.5　添加图例

打开"Insert"工具栏，点击"Legend"添加图例，弹出 Legend Wizard 窗口（图 8.24）。左边一栏为图层所有元素，右边一栏为需要添加图例的元素，这里只用给 Precipitation 添加图例。点击"下一页"。

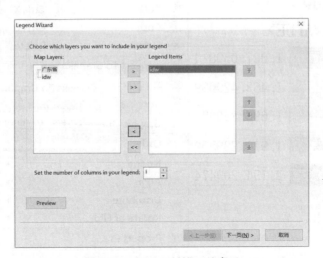

图 8.24　Legend Wizard 窗口

后续出现的窗口都是用于设置要生成图例的字体、字号等多种属性。由于 GIS 本身对于要素的编辑方式十分多样，且生成图例的窗口比较卡顿，这里全部使用默认数值生成图例，具体编辑操作后续进行，读者只需一直点击"下一页"直至完成。初步生成的图例如图 8.25 所示。

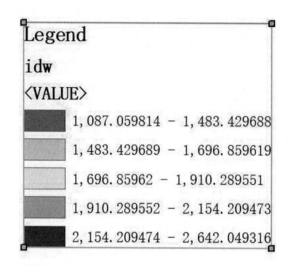

图 8.25　初步生成的图例

选中初步生成的图例，右击鼠标，点击"Convert To Graphics"（图 8.26），然后再次右击"Ungroup"（图 8.27），以此将图例分成若干部分（图 8.28）。可对每部分进行单独编辑。

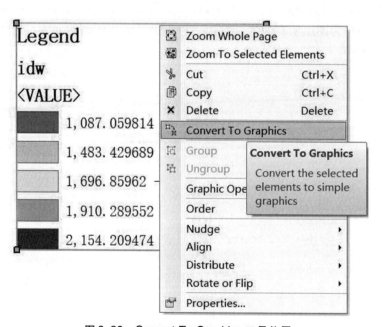

图 8.26　Convert To Graphics 工具位置

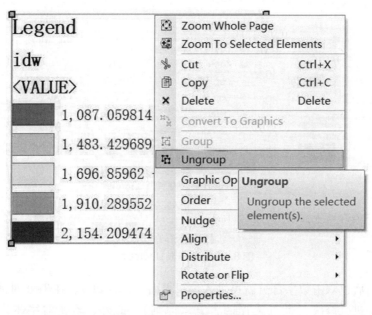

图 8.27　Ungroup 工具位置

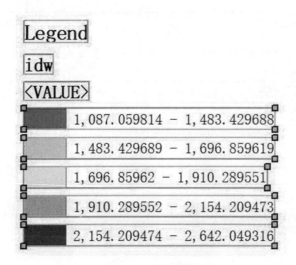

图 8.28　拆分后结果

对于最上部的 3 个文本，可以直接删除 2 个，再双击剩下的 1 个进行编辑，将文本内容改为降雨量，再将字体改为楷体。此外，为了对图例中小数点后保留位数进行编辑，需要对下面的图例进一步 Ungroup（图 8.29）。

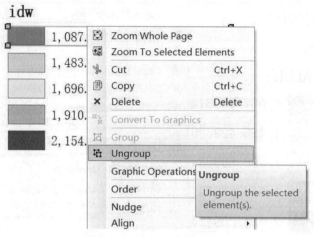

图 8.29 进一步 Ungroup

再次分组后，双击数字部分就可进入编辑界面（图 8.30）。在 Text 对话框中，手动对图例的数字进行修改（此处遵循四舍五入原则）。此外，若要对字体、字号进行修改，只需点击"Change Symbol…"进行编辑。

图 8.30 修改小数点后保留位数

经过上述编辑后，可以用鼠标全选这些要素，再次右击选择"Group"，将它们重新组合起来，方便统一拖拽以及缩放，结果如图 8.31 所示。对其他 3 个图层进行相同操作即可。

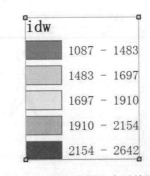

图 8.31 重新编辑组合后的图例

8.2.6 添加指北针

打开"Insert"工具栏,选择"North Arrow"。弹出的 North Arrow Selector 窗口(图 8.32)左侧为 GIS 自带的多种指北针样例,读者可任选一种添加。此处我们以第三种为例,选中后点击"OK"即添加成功。添加到视图中后,鼠标将其拖动到合适位置并缩放到合适大小,最终效果如图 8.33 所示。对其他 3 个图层进行相同操作即可。

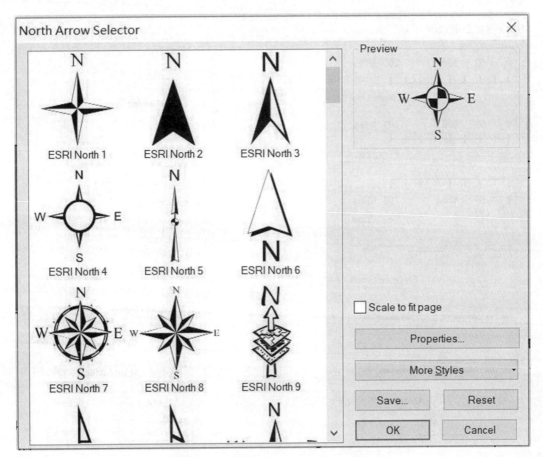

图 8.32 North Arrow Selector 窗口

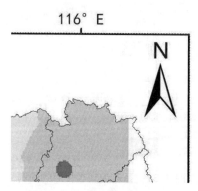

图 8.33　指北针最终效果

8.2.7　添加比例尺

打开"Insert"工具栏，选择"Scale Bar"。弹出的 Scale Bar Selector 窗口（图 8.34）左侧便是 GIS 自带的多种比例尺模板，可根据自己的喜好进行添加。此处我们选择第一种比例尺，选中后点击"OK"即添加成功。

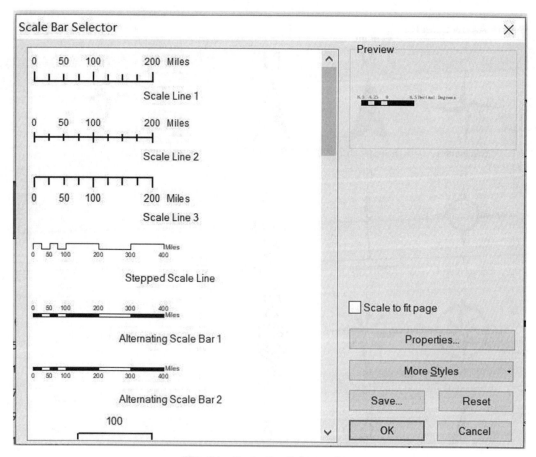

图 8.34　Scale Bar Selector 窗口

刚添加的比例尺不够美观，需要进一步美化。鼠标双击刚添加的比例尺，进入编辑窗口（图 8.35）。在 Scale and Units 窗口中设置"Number of divisions"为 1，修改"Division Units"为"Kilometers"，点击"应用"，再点击"确定"即修改成功，随后再手动调整比例尺长度。对其他 3 个图层进行相同操作即可。

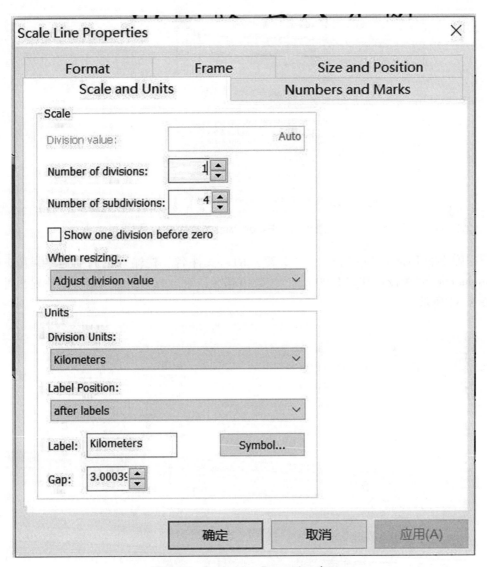

图 8.35　Scale Line Properties 窗口

8.3　导出地图

经过上述步骤后，一幅地图基本制作完毕，只差最后的导出。首先点击"File"工具栏中的"Export Map…"（图 8.36）。

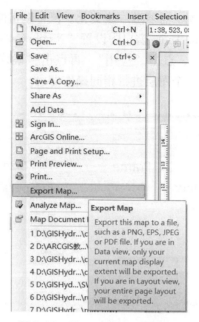

图 8.36　Export Map 工具位置

　　在弹出的 Export Map 窗口（图 8.37）的"文件名"栏输入空间插值结果图，在"Resolution"栏中设置其为 1500 dpi，该数值越大，输出的地图越清晰。最终输出地图如图 8.38 所示。

图 8.37　Export Map 窗口

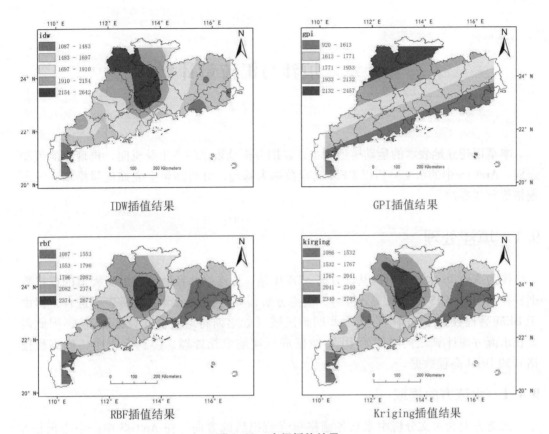

图 8.38　空间插值结果

第 9 章　填洼与汇流量计算

本章以建立地表水的运动模型为主，辅助分析地表水的产生及流向，再现水流流动过程。ArcGIS 中的水文分析以 DEM 高程数据为基础，分析结果生成如流量栅格、流向栅格等重要参数。

9.1　填洼处理

作为 ArcGIS 水文分析的基础数据，DEM 是一种连续并且能够表示高程值的栅格数据。在利用 ArcGIS 进行水文分析时，模拟分析需要在比较光滑的地形表面进行，但由于 DEM 高程数据在空间中存在一些凹陷区域（如喀斯特地貌及其数据误差），因此需要在水流方向计算之前对原始 DEM 数据进行洼地填充处理，得到无洼地（低高程栅格）的 DEM 高程数据。

9.1.1　水流方向提取

水流方向为水文分析中水从各栅格单元流出后的方向。在 ArcGIS 中，中心栅格 8 个邻域栅格经过编码后，水流方向就可由其中某个值决定，栅格方向编码方式见图 9.1。例如：若中心栅格水流向左，将水流方向赋 16。由于有的栅格的水流流向无法确定，所以输出方向值被规定为 2 的幂值，这时必须对几个方向值进行累加，以便在后续处理过程中由累加结果就能判断累加后中心栅格与邻域栅格所处的状态。

32	64	128
16		1
8	4	2

图 9.1　水流流向编码

水流方向由计算中心栅格和邻域栅格之间最大距离权降决定。ArcGIS 水流方向采用 D8 算法，即最大距离权落差（最大坡降法）。在实际应用过程中，我们可以根据需要进行相应调整和修改。本章以黄河中游为例介绍一种简单实用的计算方法，该方法适用于不同地形地貌条件下的河流流态分析。计算的具体步骤如下：

（1）打开 ArcMap，点击"Add Data"，选择数据文件 chp9 中的"dem"进行加载（图 9.2）。

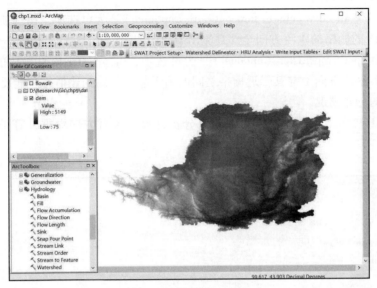

图 9.2　数据插入结果

（2）点击 ArcMap 菜单栏中"ArcToolbox"图标，打开 ArcToolbox 工具集。

（3）打开"Spatial Analysis Tools"工具箱下"Hydrology"工具集，启动水文分析模块。

（4）启动"Flow Direction"工具，进入水流方向计算操作界面（图 9.3）。

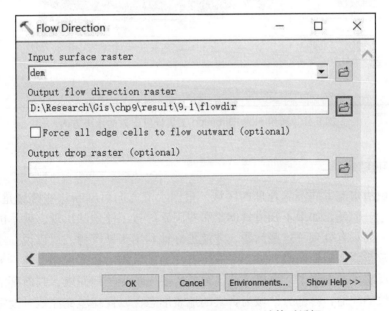

图 9.3　水流方向（Flow Direction）计算对话框

（5）在"Input surface raster"文本框中输入已导入的数据"dem"。

（6）在"Output flow direction raster"文本框中定义计算结果保存路径及计算出的水流方向文件名（flowdir）。

（7）"Force all edge cells to flow outward（optional）"为可选项，该选项可使所有在DEM数据边缘的栅格的水流方向全部是流出DEM数据区域。默认不选择。

（8）"Output drop raster（optional）"为可选项，drop raster以百分比的形式记录，是该栅格在其水流方向上与其临近栅格之间的高程差与距离的比值，它能反映整个区域中最大坡降的分布情况。

（9）点击"OK"，开始进行水流方向分析计算。水流方向数据计算结果如图9.4所示。

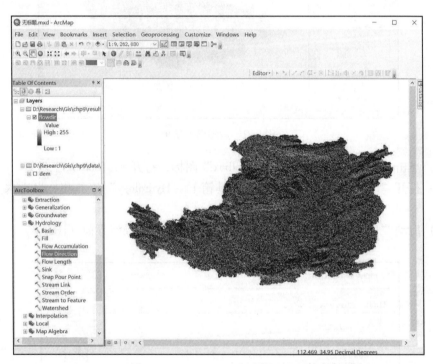

图9.4 利用 Flow Direction 工具计算出来的水流方向

9.1.2 洼地计算

洼地区域指水流方向不尽合理的区域，根据水流方向可判断这些区域是否为洼地，进而填平洼地。但是，如果不知道具体是哪些因素导致了洼地的出现，就不能很好地处理洼地问题，而只有处理了这些问题，才能更好地利用土地资源。所以说，了解洼地的影响因素非常重要。需要明确一点，并非所有洼地区域均由数据误差引起，大量洼地区域还真实地反映了地表形态，所以填充洼地前需要先统计洼地深度，判断哪部分区域为数据误差导致的洼地，哪部分区域为真实的地表形态，以便在填充洼地时设定合理填充阈值。

9.1.2.1 　洼地计算

（1）双击 "Hydrology" 工具集下的 "Sink" 工具，进入洼地计算操作界面（图 9.5）。

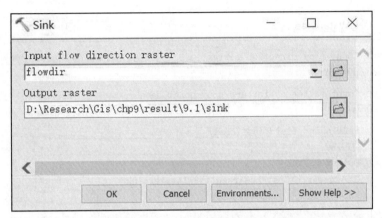

图 9.5 　洼地计算对话框

（2）在 "Input flow direction raster" 文本框中选中地图水流方向数据 "flowdir"。

（3）在 "Output raster" 文本框中定义计算结果保存路径及计算结果文件名（sink）。

（4）点击 "OK" 开始洼地计算进程。计算结果如图 9.6 所示，深色区域为洼地。

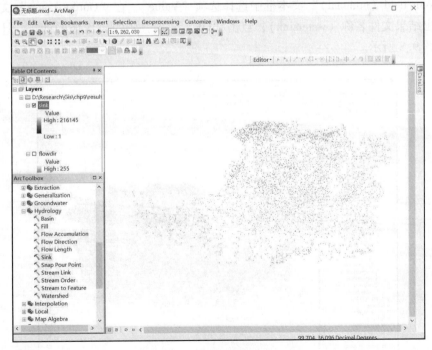

图 9.6 　计算出来的洼地区域

9.1.2.2 洼地深度计算

（1）双击"Hydrology"工具集下"Watershed"工具，进入流域计算操作界面（图 9.7），该工具输出结果为洼地贡献区域。

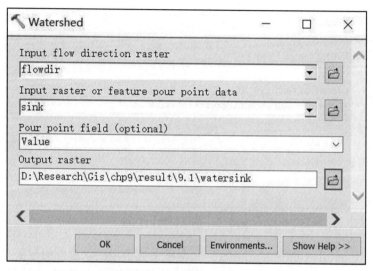

图9.7 洼地贡献区域计算对话窗口（Watershed）

（2）在"Input flow direction raster"文本框中导入地图中水流方向数据"flowdir"，在"Input raster or feature pour point data"文本框中导入地图中洼地数据"sink"，在"Pour point field（optional）"文本框中选择选项"Value"，在"Output raster"文本框中定义输出结果文件名称（watersink），点击"OK"进行洼地贡献区域的计算，计算分析结果如图9.8所示。

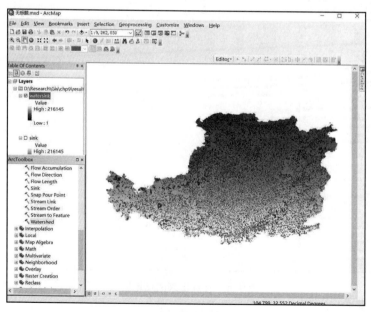

图9.8 计算出来的洼地贡献区域

（3）计算洼地形成的贡献区域的最低高程时需要利用 DEM 高程信息，因此需要建立洼地深度计算 DEM 数据属性表。方法如下：双击打开"Data Management Tools"，点击"Raster"工具集下"Raster Properties"工具，在列表中选择"Build Raster Attribute Table"工具，选中栅格数据"watersink"，点击"OK"即可创建栅格属性表（图9.9）。

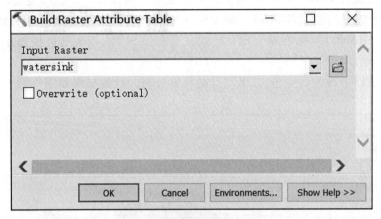

图9.9　属性表建立对话窗口

（4）双击"Spatial Analysis tools"打开空间分析工具集，点击"Zonal"工具集下的"Zonal Statistics"工具，进入如图9.10所示的分区统计操作界面以分析单个洼地所形成的贡献区域的最低高程。

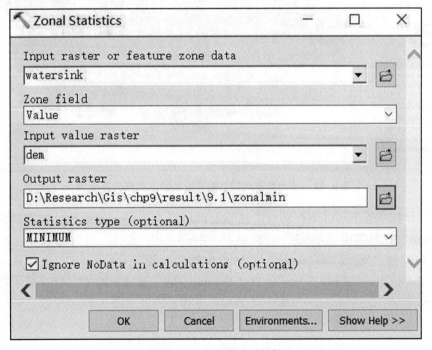

图9.10　分区统计对话框

（5）在"Input raster or feature zonal data"文本框中输入洼地贡献区域数据"water-sink"。在"Input value raster"文本框中输入希望进行统计分析的数据层，现在需要统计洼地贡献区域的最低高程，选"dem"作为"value raster"。在"Output raster"文本框中将输出数据文件命名为"zonalmin"，存放路径保持不变。

（6）选择统计类型（Statistics type）下拉菜单中预设有一些统计类型，分别为统计的每一个分带的平均值（MEAN）、最大值（MAXIMUM）、最小值（MINIMUM）、属性值的变化值（RANG）、标准差（STD）以及总和（SUM）。这里选择最小值作为统计类型。

（7）完成以上设置后点击"OK"开始计算分析，计算结果如图9.11。

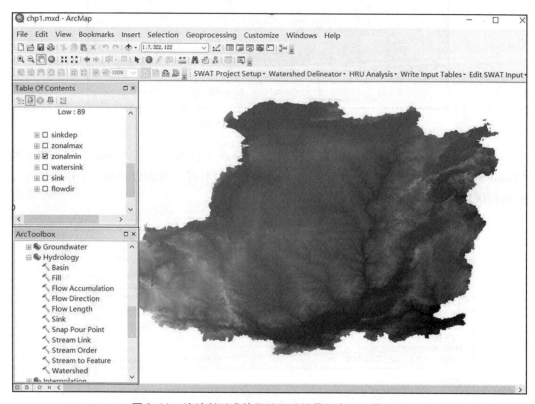

图9.11　洼地所形成的贡献区域的最低高程运算结果

（8）计算洼地出水口高程即每个洼地贡献区域出口的最低高程。双击"Spatial a-nalysis tools"工具箱中"Zonal"工具集下"Zonal fill"工具，进入分区统计操作界面（图9.12）。在"Input zone raster"文本框中选定数据"watersink"，在"Input weight raster"文本框中选定数据"dem"，在"Output raster"文本框中定义计算结果数据文件名为"zonalmax"，然后点击"OK"开始运算进程，结果如图9.13。

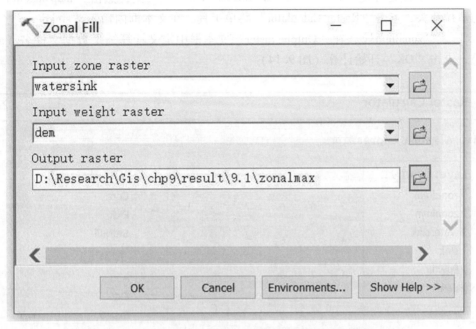

图 9.12　洼地贡献区域边缘最低高程计算对话框

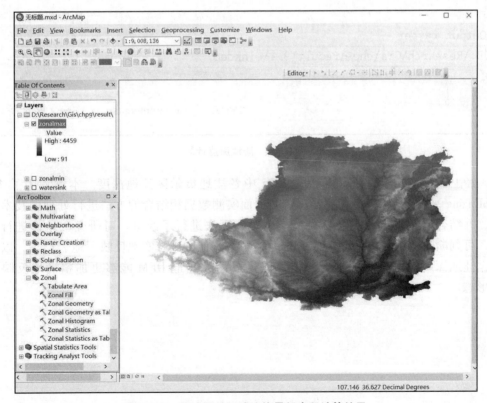

图 9.13　洼地贡献区域边缘最低高程计算结果

（9）计算洼地深度。进入"Spatial Analyst Tool"工具集，点击"map algebra"模块的下拉箭头，点击"Raster Calculator"菜单工具，在文本框内输入"sinkdep = 'zonalmax' – 'zonalmin'"，在"Output raster"文本框中定义计算结果数据文件名（sinkdep），点击"OK"开始计算（图9.14）。

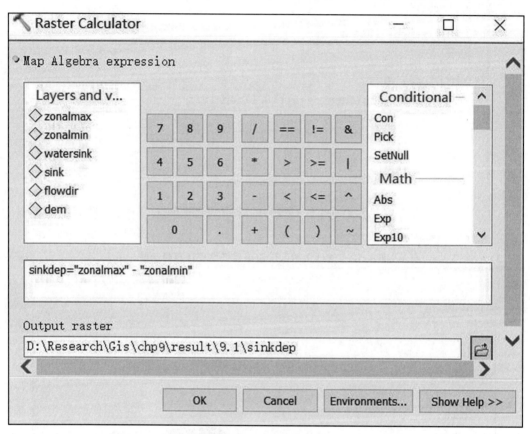

图 9.14　洼地深度计算

经上述 8 步操作后即可得到图 9.15 中各洼地贡献区洼地深度。本章采用了 Arc GISEngine 平台下数字高程模型 DEM 与地面实测数据相结合的方法进行处理的技术路线，并结合已有研究成果以及实验结果对该算法进行了改进。对研究区地形进行分析，可判断哪些为数据误差造成的洼地，哪些洼地区域真实地反映了地表形态，以便根据洼地深度设定合理的填充阈值，使生成的无洼地 DEM 能够更加精确地反映地表形态。

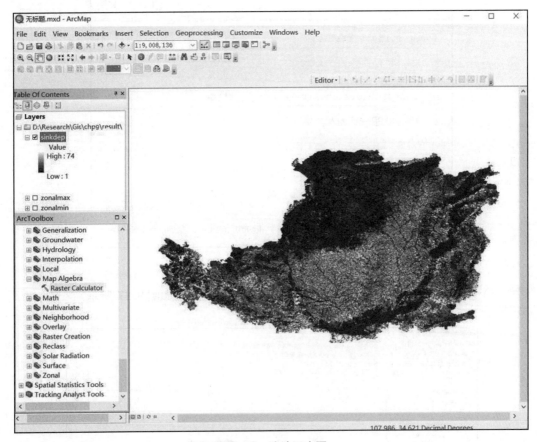

图 9.15　洼地深度图

9.1.3　洼地填充

　　洼地填充为无洼地是 DEM 制作过程的最后一步。经过洼地计算，可知原 DEM 中有无洼地，若无洼地，则原 DEM 数据可直接用于后续河网生成、流域划分等工作。因此，本章提出了一种基于栅格运算的方法来实现对地形中任意点高程值的精确求取，并以实例验证了其可行性与有效性。其对洼地深度进行的计算，为洼地填充过程中填充阈值的设定提供良好依据。洼地填充步骤如下：

　　（1）双击打开"Hydrology"工具集中的"Fill"工具，打开如图 9.16 所示的洼地填充对话框。

　　（2）在"Input surface raster"文本框中选中待洼地填充的"dem"数据。

　　（3）在"Output surface raster"文本框中定义洼地填充完成后的数据文件名为"fill-dem"。

　　（4）设置填充阈值（Z limit），设置该阈值之后，在洼地填充进程中，那些深度大于阈值的洼地将作为真实地形保留，不作为填充对象。系统默认情况为不设阈值，即填平所有洼地区域。

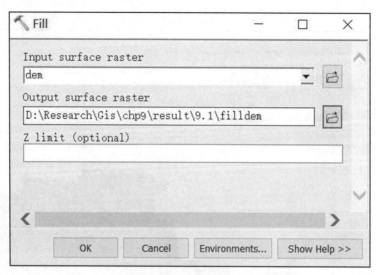

图9.16 洼地填充对话框

（5）点击"OK"开始洼地填充分析，无洼地 DEM 结果如图 9.17 所示。

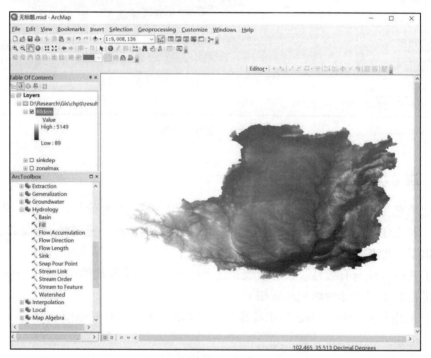

图9.17 经过洼地填充生成的无洼地 DEM

　　洼地填充过程重复进行。在一个洼地区域填平后，重新计算该地区和邻近地区的洼地，也许会有新洼地形成，因此洼地填充是一个重复的过程，一直重复到全部洼地被填平，且没有新洼地出现。所以，在数据量非常大的情况下，完成这一过程将需要花费一定的时间。

9.2　汇流累积量

地表径流分析模拟进程中，基于水流方向数据，汇流累积量可通过计算分析得到。在每个栅格中，汇流累积量的大小代表着其上游有多少个栅格的水流方向最终汇流经过该栅格，汇流累积的数值越大，该区域越易形成地表径流，计算过程如图9.18所示。

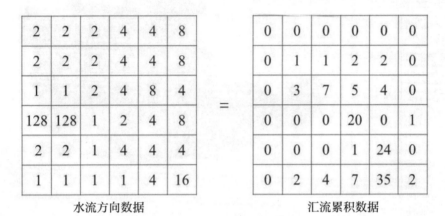

水流方向数据　　　　　　　　　汇流累积数据

图9.18　流水累积量的计算

9.2.1　计算无洼地 DEM 的水流方向

计算过程同上一节 9.1.1 水流方向的计算相同，导入的 DEM 数据为经填洼处理后输出结果——无洼地 DEM 数据。在 "Input surface raster" 文本框中导入数据 "filldem"，并将计算结果命名为 "fdirfill"（图 9.19），计算结果如图 9.20 所示。

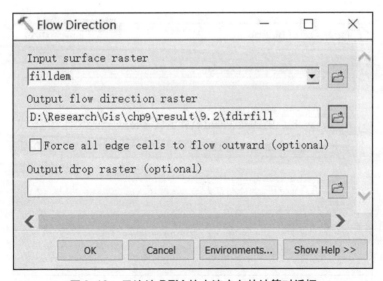

图 9.19　无洼地 DEM 的水流方向的计算对话框

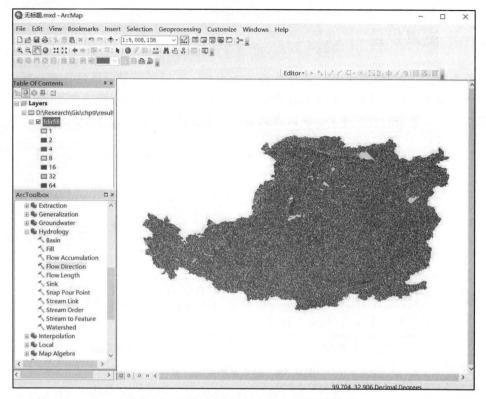

图 9.20　无洼地 DEM 的水流方向的计算结果

9.2.2　计算汇流累积量

　　汇流累积量的计算需要以已得到的水流方向数据为基础。双击"Hydrology"工具下的"Flow Accumulation"工具，进入汇流累积量计算对话框（图 9.21）。

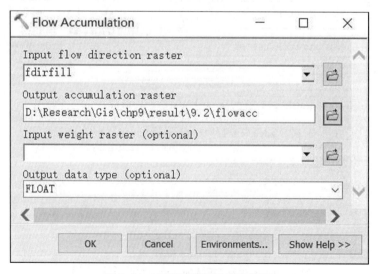

图 9.21　汇流累积量计算对话框

（1）在"Input flow direction raster"文本框中导入以无洼地 DEM 计算得到的水流方向栅格数据"fdirfill"。

（2）在"Output accumulation raster"文本框中定义分析结果数据文件名为"flowacc"。

（3）在"Input weight raster"文本框中输入配权数据，配权数据一般表示降水、土壤以及植被等径流影响因素分布的不平衡，该数据的加入能更准确地模拟该区域的地表特征。如果无配权数据，默认为所有的栅格配以相同的权值 1，那么计算出来的汇流累积量的数值就代表着该栅格位置流入的栅格数的多少。

（4）点击"OK"完成计算，结果如图 9.22 所示。

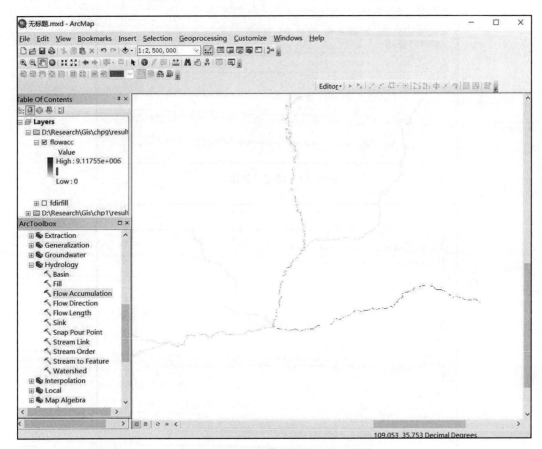

图 9.22　通过计算生成的汇流累积量

9.3　水流长度

水流长度通常是指地面上一点沿水流方向到其流向起点（终点）间的最大地面距离在水平面上的投影长度。目前水流长度的提取方式主要有两种，一种是顺流计算，另一种是溯流计算。顺流计算是计算地面上每点沿水流方向到该点所在流域出水口最大地面距离的水平投影；溯流计算是计算地面上每点沿水流方向到其流向起点间最大地面距离的水平投影。

（1）双击打开"Hydrology"工具集下的"Flow Length"工具，进入水流长度的计算操作界面（图9.23、图9.24），该工具用来计算水流长度的大小。

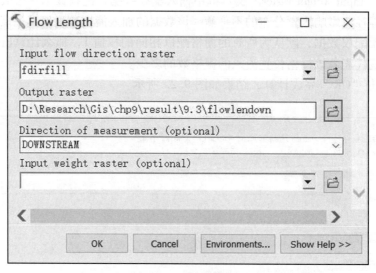

图9.23　顺流计算窗口

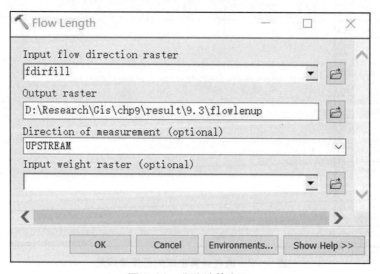

图9.24　溯流计算窗口

（2）在"Input flow direction raster"文本框中输入以无洼地DEM为基础分析得到的水流方向数据"fdirfill"。

（3）在"Output raster"文本框中定义分析结果保存路径。分别进行顺流计算和溯流计算，分析结果数据文件分别命名为"flowlendown"和"flowlenup"。

（4）计算方向提供了两种选择，分别为顺流计算（Downstream）和溯流计算（Upstream）。

（5）计算配权栅格数据输入（Input weight raster）。对于 Flow Length，Downstream 记录着其沿着水流方向到下游流域出水口中最长距离所流经的栅格数，Upstream 则记录着其沿着水流方向到上游栅格的最长距离的栅格数。

（6）完成设置后单击"OK"开始水流长度计算。两种方向计算出的结果分别如图 9.25 和图 9.26 所示。

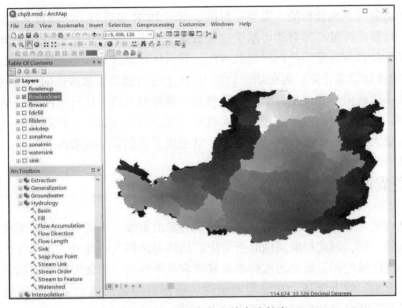

图 9.25　顺流方向上的水流长度

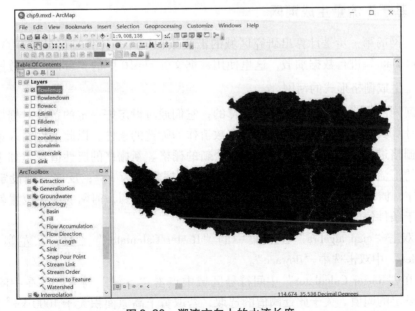

图 9.26　溯流方向上的水流长度

第 10 章 河网生成与集水区划分

河网的提取是水文分析的一大主要目的，基于 DEM 可进行上一章提到的洼地填充、分析流向、计算汇流量，然后即可基于这些数据对地表的河网进行提取和分析[1]。地表径流漫流模型是目前最常用的河网提取方法，其具体计算步骤如下：首先对未填洼的原始 DEM 实施洼地填充计算；再在填洼后的 DEM 上分析栅格的水流流向；然后在分析出每个栅格的水流流向后，规定每个栅格只携带一单位的水流，统计出所有流经同一个栅格的栅格数，那么所有流经指定栅格的水流量之和就是汇流量[2]。将基于该计算方法筛选出的汇流量大于阈值的栅格联结在一起，就组成了我们需要提取的河网。

10.1 生成河网

在具体设定合适的阈值时，必须考虑研究对象的量级，不同量级的河流的汇流量肯定有着巨大的区别，因此提取河网时所对应的阈值差距很大；此外，还需考虑研究区域的地形，不同区域的同量级的河流的汇流量肯定是不同的，因此提取它们的河网所需的阈值也千差万别。综上所述，在设定阈值时，应同时考虑河流的量级和所处地区的地形，然后经过不断试错和勘测地形等方法来确定。

10.1.1 基于汇流量生成河网

生成河网的第一步是计算出研究区域的汇流累积矩阵，计算过程见第 9 章 9.2 节。点击"Add Data"进行数据加载，这里使用数据文件 chp10 中的"flowacc"数据。

10.1.1.1 生成栅格形式的河网

栅格河网的生成是通过条件函数计算的，它们通过设定好一定的条件对栅格进行重新赋值。计算具体的原理是自行选定一个数值作为筛选的条件，以此条件输入条件函数中对原始栅格进行筛选分类，最终生成一个新的栅格。新栅格的属性值规定如下：若原始栅格上的汇流累计量大于条件值，则新栅格的属性值为 1[3]；反之，则设定为 0 或 none。此外，栅格河网的生成也可以利用栅格计算器来得到，河网的潜在位置就是筛选出来的大于条件值的栅格。

（1）双击"map algebra"工具集中的"Raster Calculator"工具，在左侧"Layers and variables"中双击选中"flowacc"。

（2）在"Raster Calculator"中间符号区域中点击"＞＝"符号，并在中间数字键盘中选出设定的阈值。关于此处阈值的选取，若取黄土高原面积大于 1000 km^2 的区域，且使用的 DEM 数据分辨率为 1 km，则其对应的栅格数为 1000 × 1000 × 1000 ÷ (1000 ×

1000）＝1000，根据图中公式即可提取出＞1000 km² 的流域，并输出为栅格数据。

（3）"Output raster" 文本框将输出的数据命名为 "streamnet"（图 10.1）。

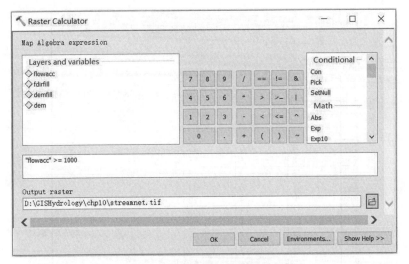

图 10.1　栅格河网生成对话框

10.1.1.2　生成 Stream Link

在上一步中生成的河网还只是栅格数据，每个栅格都是独立的一个点，各点之间没有形成我们需要的联系，因此需要用 Stream Link 工具将各点连接起来形成真正的河流，连接河网的起止点等，生成的新栅格数据记录着各节点之间的连接信息以及河网的结构信息。通过计算就可算出每段河流的起止点，进而可以找到对应汇水区域的出水点。这些出水点不仅是研究水量、水土流失等的关键，同时也是进行流域分割的基础。在 Arc-GIS 中生成 Stream Link 的具体操作步骤如下：

（1）栅格河网数据 "streamnet" 已有（由上步得来），再添加水流方向数据，点击 "Add Data"，选择数据文件 chp10 中的 "fdirfill"（流方向数据）进行添加。

（2）找到并打开 "Hydrology" 中的 "Stream Link"，在 "Input stream raster" 中输入 "streamnet.tif"，在 "Input flow direction raster" 中输入 "fdirfill"。将分析后的结果命名为 "streamlink"，点击 "OK"（图 10.2）。

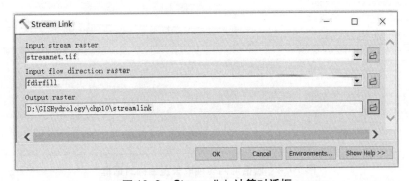

图 10.2　Stream link 计算对话框

（3）生成的新栅格属性表如图10.3所示，在属性表中记录着每个河网片段所包含的栅格数。

Rowid	VALUE	COUNT
0	1	39
1	2	18
2	3	83
3	4	3
4	5	40
5	6	5
6	7	5
7	8	34
8	9	72
9	10	296
10	11	52
11	12	1
12	13	39
13	14	81
14	15	34
15	16	21

图 10.3　streamlink 部分属性框

10.1.1.3　栅格河网矢量化

Stream to Feature 工具可以通过选择最短的路径绘制成线，将经过 Stream Link 处理后栅格河网矢量化。

（1）找到并打开"Hydrology"的"Stream to Feature"，在"Input stream raster"中输入"streamlink"。

（2）在"Input flow direction raster"中输入"fdirfill"（图10.4）。

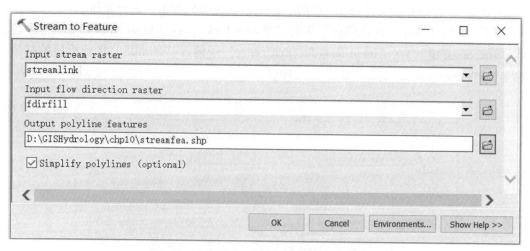

图 10.4　栅格河网转换成矢量结构对话框

（3）将结果命名为"streamfea"。

（4）生成的矢量数据如图 10.5 所示。

图 10.5　矢量河网

10.1.2　常见报错及处理方法

（1）在使用 Raster Calculator 创建栅格河网时，可能会出现错误代码为 000539 的报错，这是因为输出路径存在中文或输出数据命名有误。处理方法：避免中文路径，输出栅格命名可加上 ∗ . tif 后缀。

（2）在将栅格河网矢量化步骤中，可能会同时出现 010328 和 010267 两个错误代码报错，错误原因包括：保存路径存在中文、空格、特殊符号等。处理方法：避免中文路径，以及空格、特殊符号。

10.2　河网分级

河流的径流量和形状是河网分级的两大依据。河网分级在研究河流流向、汇流模式，以及水土保持等方面均具有重大意义。Strahler 和 Shreve 分级是 ArcGIS 中两种常用的河网分级方法。Strahler 分级是将所有没有支流的河流设为第 1 级，由同等级河流汇流成的河流等级为汇流前的等级加一级，不同等级河流汇流后形成的河流则保留汇流前更高的等级；Shreve 是第 1 级河网也是没有支流的河流，由河流汇流而成的河流的等级为汇流前两段河流的等级之和[4]。因此在这种分级模式下，流域最终出流位置河网的级别即等于该河网中所有的无支流河流的个数，如图 10.6 所示。

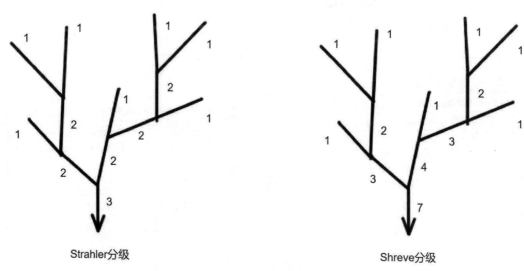

Strahler分级   Shreve分级

图 10.6   Strahler 分级和 Shreve 分级示意

在 ArcGIS 中对河网分级的步骤如下：

（1）与 Stream Link 相同，Stream Order 的基础数据也是流向 "fdirfill" 和栅格河网 "streamnet"（见 10.1 节）。

（2）找到并打开 "Hydrology" 的 "Stream Order"，在 "Input stream raster" 中输入 "streamnet"，在 "Input flow direction raster" 中输入 "fdirfill"。再分别使用 Strahler 和 Shreve 两种方法对河网进行分级，将结果分别命名为 "Streamostr" 和 "Streamoshr"，点击 "OK" 完成（图 10.7）。

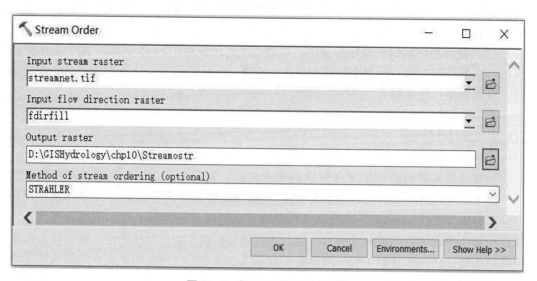

图 10.7   Stream Order 对话框

（3）两种方法分析的结果如图 10.8 和图 10.9 所示。

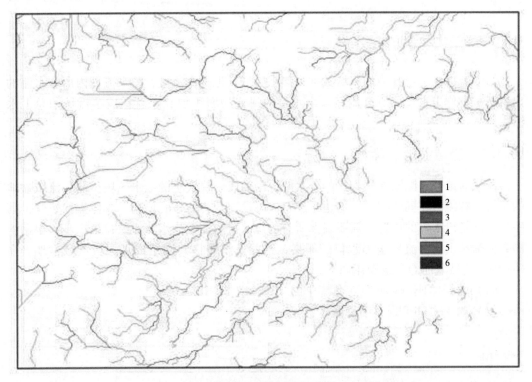

图 10.8　河网的 Strahler 分级结果（部分）

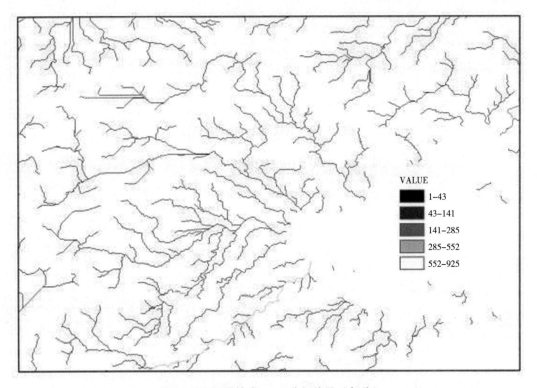

图 10.9　河网的 Shreve 分级结果（部分）

10.3 流域分割

给河流提供水量补给的区域被称为集水区域，也称作流域，整个流域内所有水流的出流口被称作出水口，所有流经该出水口的河流的面积加起来就构成了流域的总汇水面积。

10.3.1 流域盆地的确定

流域盆地被一圈圈首尾相连的分水岭分割而成一块块小的汇水区域。同一流域盆地的栅格具有流向相同的特征，这也是进行流域盆地划分的核心依据。具体操作步骤：第一步，确定出水口的位置，需要确保所有的出水口均处于分水岭边缘；第二步，根据流向数据筛选出所有流入该出水口的栅格，这些上游栅格共同组成了一块流域盆地。在GIS中，流域盆地的确定操作如下：

（1）选择"Hydrology"工具集中的"Basin"（图10.10）。

（2）输入"fdirfill"，结果命名为"basin"。

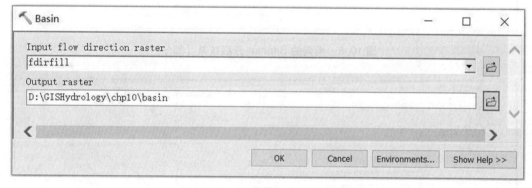

图 10.10 流域盆地计算的对话框

（3）点击"OK"完成，结果如图10.11所示。

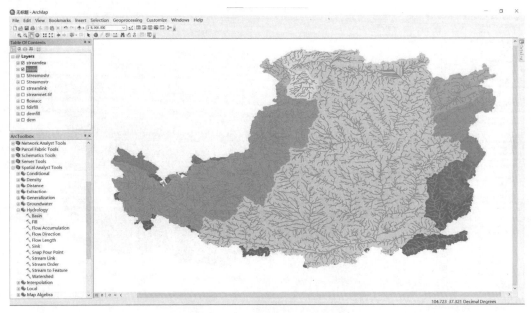

图 10.11　计算出的流域盆地

10.3.2　汇水区出水口的确定

经过上一小节确定的流域盆地是一个比较大的区域，实际分析中往往需要研究更小的流域单元，因此还需要对流域盆地进行细分[5]。ArcGIS 中的 Snap Pour Point 工具可以帮助实现这一需求。此工具的原理是首先创建一个可能的出水，在该点的一定范围内搜索出汇流量较高的栅格，这些栅格就是我们需要的小流域的出水口。

本书在 10.1 节中介绍过 Stream Link 数据中包含着河流的终点，这个终点可被看作该汇水区域的出水口。因此，可以用 10.1 节中计算出的 Stream Link 作为汇水区的出水口。

10.3.3　集水流域的生成

对于生成更小的流域单元，Watershed 工具可以帮助完成。其原理如下：首先确定集水区的最低点，然后结合流向，找出所有流过该出水口的所有栅格，也就找到了分水岭的位置[6]。

（1）需要用到"fdirfill"（水流方向数据，数据文件 chp10）和"streamfea"（矢量河网，见 10.1.1.3 节）数据。

（2）找到并打开"Watershed"，在操作界面中分别选择"fdirfill"和"streamfea"，将输出的文件命名为"watershed"。

（3）结果如图 10.12 所示。若同时在左侧菜单栏打开流域盆地和矢量河网，还可以更直观地展现本次流域的分割效果。由结果可知，计算所得到的是一个大的流域盆地按照分水岭被分为的一个个小的集水盆地，每一条分水岭都有对应的一小块集水区域[7]。

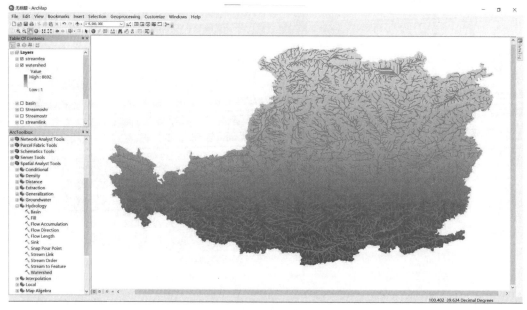

图 10. 12 集水区域

（4）在生成集水区域后，可通过 Raster to Polygon 工具，将栅格数据转为矢量数据。对于转换后的矢量数据，我们可以选中其中想要研究的子流域，直接导出即可提取出子流域的适量边界，用于后续的水文分析。

本章参考文献

[1] 陶艳成，华璀，卢远，等．基于 DEM 的钦江流域水文特征提取研究 [J].广西师范学院学报（自然科学版），2012，29（4）：6.

[2] 刘艳艳．基于 GIS 技术的流域降雨径流模拟研究 [D].重庆：重庆交通大学，2011.

[3] 黄萌萌，李灿，郭凤娇．基于流域边界分析的山脊线提取方法研究 [J].地理空间信息，2021，19（9）：19-22，37，157.

[4] 陈思．基于 DEM 的辽南山地泥石流沟谷的发育特征研究 [D].大连：辽宁师范大学，2016.

[5] 李晶，张征，朱建刚，等．基于 DEM 的太湖流域水文特征提取 [J].环境科学与管理，2009，34（5）：138-142.

[6] 罗大游，温兴平，沈攀，等．基于 DEM 的水系提取及集水阈值确定方法研究 [J].水土保持通报，2017，37（4）：5.

[7] 汤国安，杨昕.ArcGIS 地理信息系统空间分析实验教程 [M].北京：科学出版社，2012.

第11章 面状水系提取与水库容量计算

11.1 提取面状水系

面状水系的提取基于坡度分析。由于地球引力作用和大型水体的形成原理，大型水体表面坡度极小，因此可以根据地形数据的坡度分析结果，通过重分类工具提取出坡度较小区域，这片区域即可视为一处面状水系。本节分析的区域为黄土高原的娄烦县，基础数据为该地的 DEM 数据，并基于此提取"汾河水库"数据。

11.1.1 坡度分析

坡度分析是通过 Spatial Analyst Tools 工具集中的 Slope 工具实现，其中最后一栏中的 Z factor 的设定会直接影响坡度分析的结果。

11.1.1.1 Z factor 的确定

Z factor 是一种转换因子，表示一个表面 Z 单位中地面 X，Y 单位的数量。如果 X，Y 和 Z 采用相同的单位，则 Z 因子为默认值 1。如果 X，Y 和 Z 采用不同的单位，则必须将 Z 因子设置为合适的值，否则会得到错误的结果。具体表现为，坡度分析结果类别很小，$0°\sim80°$ 没有更详细的分类，且大部分地区坡度大于 $80°$，明显不符合实际情况。具体解决方法：若输入的 DEM 为投影坐标系，高程坐标为英尺，X，Y 单位为米时，Z 因子应该设为 0.3048（1 英尺 =0.3048 米）；当输入的 DEM 为地理坐标系时，如果 X，Y 单位为米，Z 具体设置可对照表 11.1。

表 11.1 Z factor 设定值

Latitude	Z factor
0	0.00000898
10	0.00000912
20	0.00000956
30	0.00001036
40	0.00001171
50	0.00001395
60	0.00001792
70	0.00002619
80	0.00005156

11.1.1.2 坐标系的转换

在上文中提到通过设置恰当的 Z 可以避免坡度分析结果出错，对于输入 DEM 为地理坐标系的情况，还有另一种解决方法，通过将地理坐标系转换为投影坐标系，即可得到正确的分析结果。具体操作如下：

（1）启动 ArcMap，点击"Add Data"，选择数据文件 chp11 中的 11.1 文件夹，对"dem"数据进行加载。

（2）点击"Data Management Tools"工具集，找到并打开"Projections and Transformations"中的 Project Raster 工具，操作窗口如图 11.1 所示。

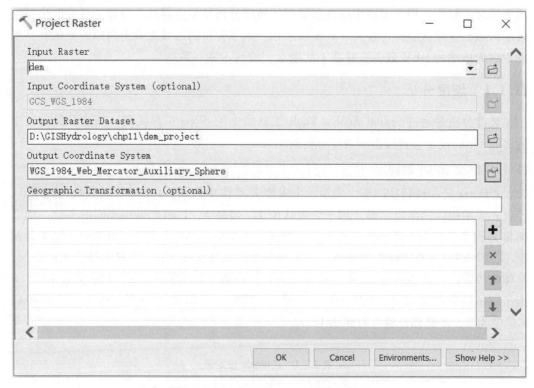

图 11.1 Project Raster 工具操作界面

（3）在"Input Raster"文本框中输入原始 DEM 数据"dem"。

（4）在"Output Coordinate System"文本框中单击右边的小互动窗口，搜索并选择"WGS_1984_Web_Mercator_Auxiliary_Sphere"。

（5）在"Output Raster Dataset"文本框中将输出的 DEM 命名为"dem_project"。

（6）通过坐标系的转换，再进行坡度分析时，Z factor 只需设为默认的 1 即可。

11.1.1.3 坡度分析

对 DEM 的坡度分析，在 GIS 中的具体操作流程为：

（1）打开"Spatial Analyst Tools"中的 Surface 工具，双击"Slope"弹出其操作界

面，如图 11.2 所示。

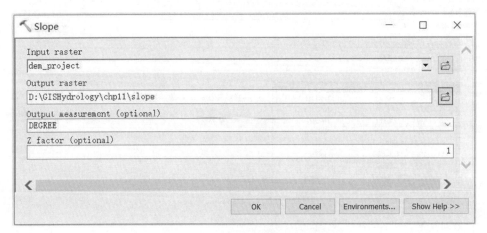

图 11.2　Slope 工具操作界面

（2）在"Input raster"一栏中，选择"dem_project"，将输出的栅格命名为"slope"，点击"OK"运行。坡度分析结果如图 11.3 所示。

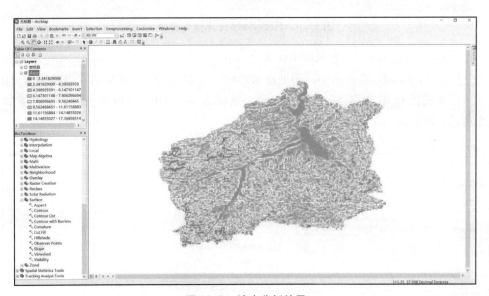

图 11.3　坡度分析结果

11.1.2　重分类

对于坡度的重分类，本质是通过 Reclassify 工具将坡度较小地区设为有效值，其他地区均设置为空值，以此条件对坡度进行重分类，进而为提取面状水系服务。具体在 ArcGIS 中的操作如下：

（1）点击"Spatial Analyst Tools"中的"Reclass"工具集，双击"Reclassify"工具，操作界面如图 11.4 所示。

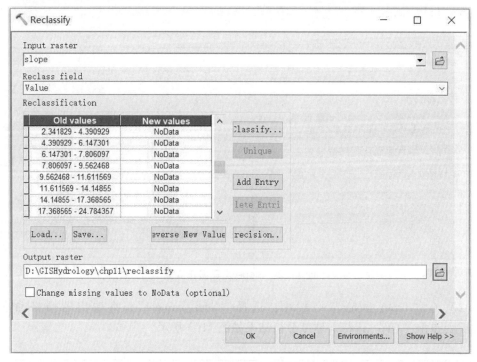

图 11.4 Reclassify 工具操作界面

（2）在"Input raster"文本框中输入"slope"。

（3）在 Reclassification 表中，将坡度最小的一类赋值为 1，其余值均设置为 Nodata。

（4）将输出栅格命名为"reclassify"。最后点击"OK"运行，重分类结果如图 11.5 所示。

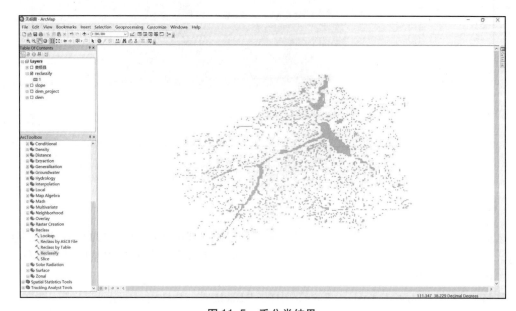

图 11.5 重分类结果

11.1.3　提取面状水系

11.1.3.1　栅格转面

在上一步中已经得到坡度较低地区的栅格数据，只需通过 Raster to Polygon 工具，将其转为矢量数据，而矢量数据可以通过属性表选中数据中的一部分，单独输出形成一个新的矢量数据。即可以选中其中的主要水体，再输出选中部分，即可完成面状水系的提取。栅格转面在 ArcGIS 中具体操作如下所示：

（1）打开 Conversion Tools 工具集，双击"From Raster"，再打开 Raster to Polygon 工具。

（2）在"Input raster"一栏中输入"reclassify"，在"Output polygon features"一栏中将输出的矢量数据命名为"areawater"（图 11.6），点击"OK"运行即可。

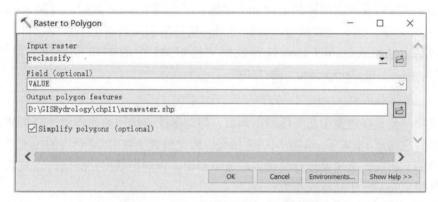

图 11.6　Raster to Polygon 工具操作框

11.1.3.2　选取分析对象

通过与实际地图对比，选中其中的汾河水库，再单独输出为矢量数据，并将其命名为"reservoir"，输出结果如图 11.7 所示。

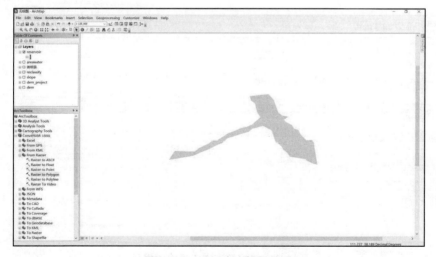

图 11.7　汾河水库提取结果

11.2 淹没区与水库库容计算

基于 DEM 的水库库容的计算，整体思路为，第一步，提取出水库的坝口，或者说倾泻口，以此计算出该区域集水区的出水口；第二步，通过集水区裁剪出相对应的淹没区 DEM 数据，再使用表面体积计算工具即可算出该水库的库容。本节中分析案例即为上节中已经提取出的汾河水库，其中使用的 DEM 数据为已经转换为投影坐标系的 DEM 数据，且未经填洼处理。

11.2.1 集水区的确定

11.2.1.1 数据准备

确定集水区需要对应流域的流向 fdir 数据、汇流量 flowacc 数据、河网 streamfea 数据以及 DEM 数据，这 4 种数据均可通过使用矢量汾河水库裁剪上一章中已计算出的栅格数据得到，这里通过 Add Data 选择数据文件 chp11 中的 11.2 文件夹，对 "dem" "fdir" "flowacc" 和 "streamfea" 进行加载。

11.2.1.2 捕捉倾泻点

虽然坝口位置在现实中是实际的出水口，但却不能直接用来当作此处分析使用的出水口。因为它与原 DEM 不一定是同一坐标系，因此位置上跟 DEM 对应的出水口还是有略微差别的。所以，必须要进行倾泻点的重新捕捉，以确保捕捉到的倾泻点是该点流量最大的栅格。在 GIS 中具体操作为：

（1）创建一个新的矢量数据，命名为 "point"，通过查询地图，找到实际的坝口位置坐标。

（2）在 streamfea 上找到坝口所在位置，然后通过编辑，在 streamfea 上创建坝口点。

（3）找到并打开 "Hydrology" 中的 "Snap Pour Point" 工具，操作界面如图 11.8 所示。

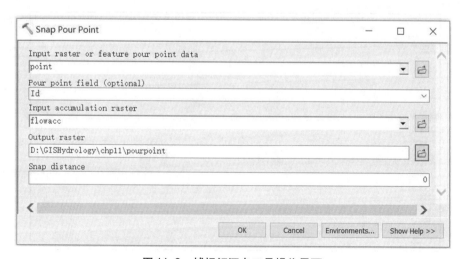

图 11.8　捕捉倾泻点工具操作界面

（4）在第一栏中输入"point"，第三栏中输入"flowacc"，在"Output raster"一栏中将输出的栅格命名为"pourpoint"。

（5）点击"OK"运行，结果如图11.9所示。

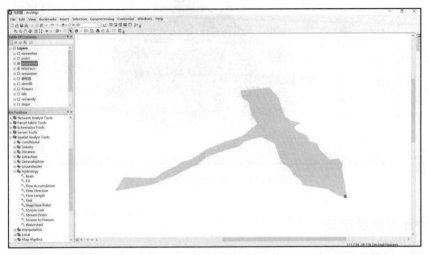

图 11.9　捕捉倾泻点结果

11.2.1.3　确定集水区

通过 Hydrology 工具集中的 Watershed 工具，即可算出该区域的集水区，具体操作如下：

（1）双击 Hydrology 工具集中的"Watershed"，打开 Watershed 工具的操作界面。

（2）在第一栏输入流向"fdir"数据，在第二栏输入倾泻点"pourpoint"数据，在"Output raster"中将输出的栅格数据命名为"watershed"（图11.10）。

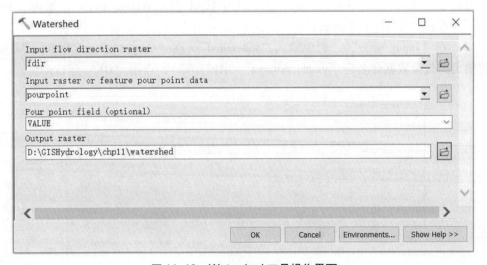

图 11.10　Watershed 工具操作界面

（3）点击"OK"运行，结果如图11.11所示。

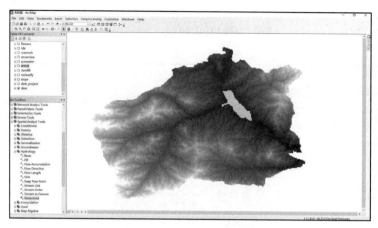

图 11. 11　汾河水库集水区

11. 2. 2　淹没区的确定

基于已经得到的汾河水库集水区栅格数据，需将其转为矢量数据，再对原始 DEM 进行切割（注意不是无凹陷 demfill），就可得到集水区的矢量数据。需要注意的是，因为整个集水区的计算都是基于汾河水库的 DEM 进行的，所以得到的集水区即为水域，这块区域也就是淹没区。如果对于集水区的计算是基于整个区域的 DEM 进行，那么在用集水区裁剪完原始 DEM 后，还需要通过条件函数，将设定高程以下的区域设为特殊值，设定高程以上的区域设为空值，以此来提取出真正的淹没区。

11. 2. 2. 1　栅格转面

将所得到的集水区栅格数据，转成面状矢量数据，在 ArcGIS 中具体操作如下所示：

（1）在"Data Management Tools"工具集中找到"Conversion Tools"，选择"From Raster"，双击"Raster to Polygon"；

（2）在"Input raster"一栏中输入"watershed"，在"Output polygon features"一栏中将输出的矢量数据命名为"catchmentarea"（图11.12），点击"OK"运行即可。

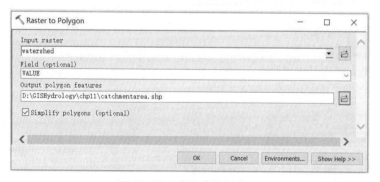

图 11. 12　集水区栅格转面

11.2.2.2　裁剪淹没区的 DEM

有了集水区的矢量边界，即可通过裁剪得到淹没区的 DEM，具体操作为：

（1）找到"Data Management Tools"工具集中的"Raster"，双击打开"Raster Processing"列表，点击"Clip"工具。

（2）在"Input raster"中输入娄烦县的原始 DEM，在"Output Extent"中输入"catchmentarea"，然后勾选"Use Input Features for Clipping Geometry（optional）"，最后将输出的淹没区栅格数据命名为"Submergedarea"（图 11.13）。

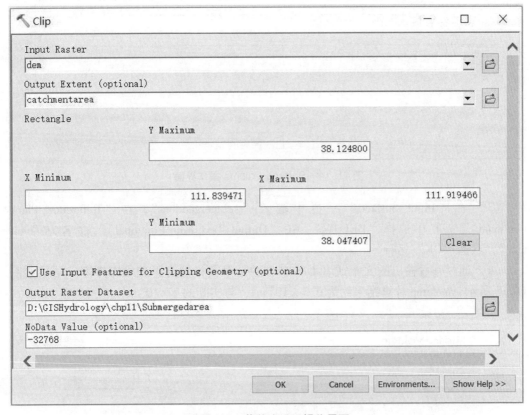

图 11.13　裁剪淹没区操作界面

11.2.3　库容计算

基于最终提取出的淹没区，通过表面体积计算工具即可算出水库库容，具体操作为：

（1）将淹没区的 DEM 坐标系改为投影坐标系，并命名为"Submergeddem"。

（2）双击打开"3D Analyst Tools"中的"Functional Surface"工具集，双击"Surface Volume"工具，操作界面如图 11.14 所示。

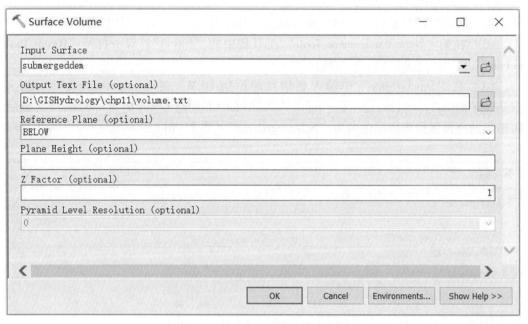

图 11.14　Surface Volume 操作界面

（3）在"Input Surface"一栏中输入"submergeddem"，在"Reference Plane（optional）"一栏中选择"BELOW"，在"Output Text File（optional）"命名为"volume"，点击"OK"运行。

（4）通过查看输出的文本或者 GIS 自带的结果窗口即可得到水库库容。结果如图 11.15 所示，Volume 计算结果约为 6.3×10^8 m^3，与实际的 7×10^8 m^3 十分接近。

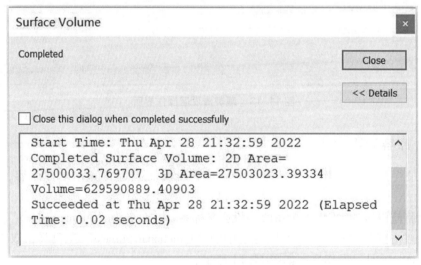

图 11.15　汾河水库库容计算结果

第 12 章　土地利用数据库的建立

12.1　SWAT 安装

SWAT 模型也可以基于 DEM 对流域水文进行分析，通过 DEM 数据将流域划分为数个子流域，并对各子流域进行水文响应单元 HRU（同一子流域中拥有相同土地利用类型和土壤类型的区域）划分，以此在大流域复杂多变的土壤类型、土地利用方式和管理措施条件下有效协助水资源管理[1]。

12.1.1　下载 SWAT 模型安装包

（1）登陆 SWAT 模型的官方网站（https：//swat.tamu.edu/software/arcswat/）。

（2）选择与电脑 ArcGIS 版本相匹配的版本（图 12.1）。

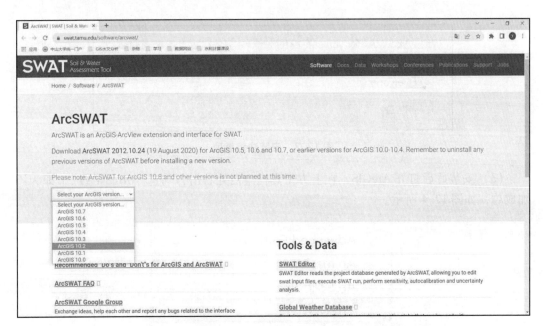

图 12.1　选择与 ArcGIS 版本相匹配的 SWAT 版本

（3）点击"Download"进行下载（图 12.2）。

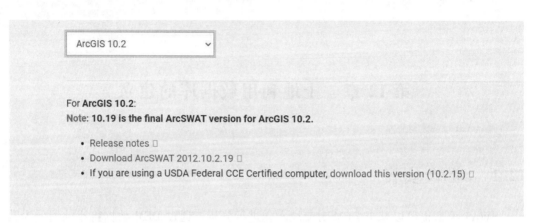

图 12.2 下载 SWAT 安装包

12.1.2 安装 SWAT 模型

（1）下载好压缩包，解压后打开对应文件夹，双击"SWAT_Install"文件，开始安装。

（2）一步一步点击"Next"即可，需要注意的是，安装到"Install ArcSWAT for yourself, or for anyone who uses this computer"时，需要选择 Everyone，如图 12.3 所示。

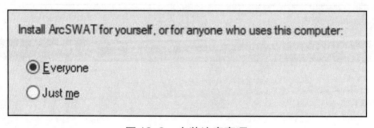

图 12.3 安装注意事项

（3）安装好后打开 ArcGIS，在上方工具栏空白处右击，勾选"ArcSWAT"，即为添加成功，如图 12.4 所示。

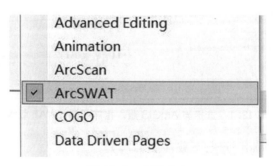

图 12.4 安装成功

12.2 土地利用数据重分类

因海洋在研究区没有对应的土地利用类型，据此本章采用的土地利用数据包括耕地、林地、草地、水域、居民地和未利用土地 6 个一级类型，以及 25 个二级类型[2]。土地利用的详细分类见数据文件夹"LUCC 分类体系"文件，如图 12.5 所示。对于面积较大的研究区而言，二级分类的种类比较复杂，不便于后期的数据处理，因此需要对土地利用的数据进行重分类成为一级类型。

一级类型		二级类型		
编号	名称	编号	名称	含义
1	耕地	-	-	指种植农作物的土地，包括熟耕地、新开荒地、休闲地、轮歇地、草田轮作物地；以种植农作物为主的农果、农桑、农林用地；耕种三年以上的滩地和海涂。
-	-	11	水田	指有水源保证和灌溉设施，在一般年景能正常灌溉，用以种植水稻，莲藕等水生农作物的耕地，包括实行水稻和旱地作物轮种的耕地。 111 山地水田 112 丘陵水田 113 平原水田 114>25 度坡地水田
-	-	12	旱地	指无灌溉水源及设施，靠天然将水生长作物的耕地；有水源和浇灌设施，在一般年景下能正常灌溉的旱作物耕地；以菜为主的耕地；正常轮作的休闲地和轮歇地。 121 山地旱地 122 丘陵旱地 123 平原旱地 124>25 度坡地旱地
2	林地	-	-	指生长乔木、灌木、竹类、以及沿海红树林地等林业用地。
-	-	21	有林地	指郁闭度>30%的天然林和人工林。包括用材林、经济林、防护林等成片林地。
-	-	22	灌木林	指郁闭度>40%、高度在2米以下的矮林地和灌丛林地。
-	-	23	疏林地	指林木郁闭度为10%~30%的林地。
-	-	24	其它林地	指未成林造林地、迹地、苗圃及各类园地（果园、桑园、茶园、热作林园等）。

图 12.5 土地利用数据集分类表示例

12.2.1　导入土地利用数据

启动 ArcMap，打开 Add Data 工具，选择数据文件夹 chp12 中的"2010_lucc"数据进行添加。黄土高原的二级土地利用分类数据如图 12.6 所示。

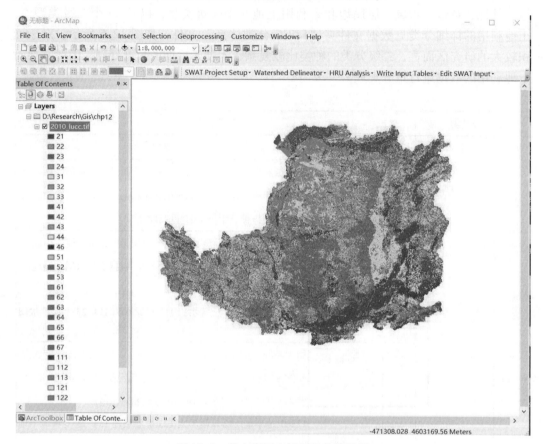

图 12.6　黄土高原土地利用分类数据

12.2.2　土地利用数据重分类

点击"ArcToolbox"，启动 ArcToolbox 工具箱，打开"Spatial Analyst Tools"，双击"Reclass"下的"Reclassify"工具，打开如图 12.7 所示对话框。

（1）在"Input raster"文本框中选择输入的土地利用数据，在"Reclass field"中选择我们要重分类的字段"VALUE"。

（2）根据刚才的分类标准，将首位数字相同的都归为一大类，以首位数字代替。在"New values"中填入新的数字进行替代。

（3）在"Output raster"文本框中对重分类后的土地利用数据文件重新命名（这里命名为 cfl），并选择保存路径。

（4）重分类后的土地利用数据见图 12.8，发现数据由原来的 29 类变成了现在的 6 类，分类减少有助于提高后续计算速度。

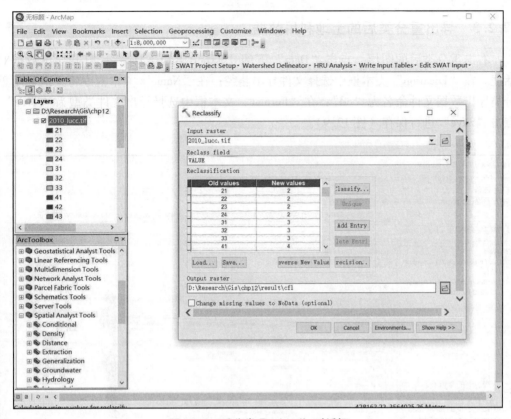

图 12.7　重分类 Reclassify 对话框

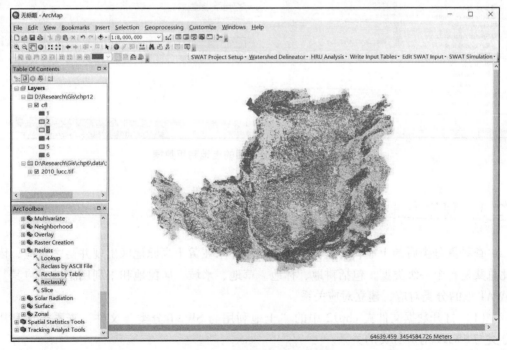

图 12.8　重分类后的土地数据

12.2.3 导出重分类后的土地利用数据

右击重分类后的图层，点击"Data"下的"Export Raster Data"，打开导出数据对话框。在"Location"文本框中选择文件导出路径；在"Name"文本框中将土地利用重分类导出数据文件命名为"cfl"；在"Format"文本框中选择导出文件类型为"TIFF"，点击"Save"进行保存（图12.9）。

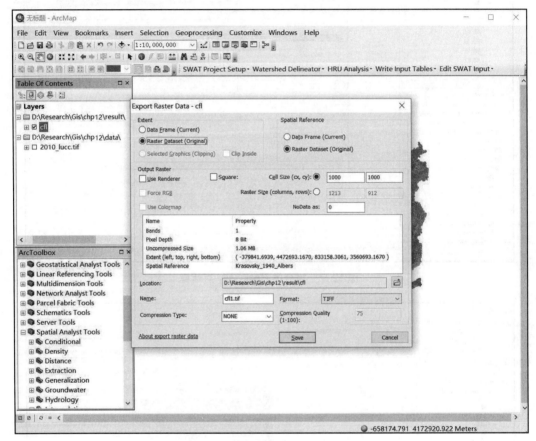

图12.9 导出重分类后的土地利用数据

12.3 制作土地利用索引表

查看重分类后的土地利用数据，其中海洋并未在黄土高原地区出现并与之对应，因此总共是6个一级类型，包括耕地、林地、草地、水域、居民地和未利用土地，将其与SWAT里的分类对应，建立对应关系。

（1）打开数据文件夹chp12中的"土地利用与SWAT分类"文件，查看土地利用分类与SWAT对应分类的关系。

（2）新建一个txt文件，将重分类后的土地利用分类与SWAT对应的分类建立对应关系，以此构建索引表（图 12.10）。此文件留作下一章使用。

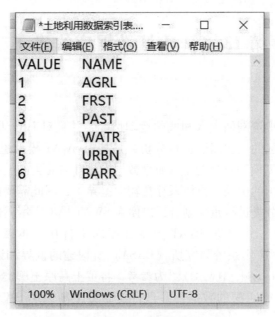

图 12.10　土地利用数据索引表

本章参考文献

［1］胡国华，郭章林，马丁凯，等.SWAT 模型在浏阳河流域径流模拟中的应用研究［J］.湖南文理学院学报（自然科学版），2022，34（2）：88–94.

［2］赵佳琪，张强，朱秀迪，等.中国旱灾风险定量评估［J］.生态学报，2021，41（3）：1021–1031.

第13章　土壤数据库的建立

　　土壤属性决定了土壤剖面中水和气的运动情况，并且对 HRU 中的水循环起着重要的作用。因此对研究区的土壤属性进行分析，是基于 SWAT 模型进行 HRU 划分的重要组成部分。由于 SWAT 模型自带的土壤属性数据库是针对北美的土壤植被和流域水文结构来设计的，而与我国的土壤分类体系存在较大差异[1]，因此需要按照 SWAT 的要求对黄土高原的土壤类型分类进行重新划分，以便在 SWAT 模型土壤属性数据库中找到相对应的物理、化学属性，并填进 SWAT 土壤数据库文件中。本章以联合国粮农组织（FAO）和维也纳国际应用系统研究所（IIASA）所构建的世界和谐土壤数据库（Harmonized World Soil Database，HWSD）[2]为参考，将黄土高原土壤类型转换成为与 SWAT 模型土壤属性数据库相匹配的数据，并自行建立黄土高原的 SWAT 模型土壤属性数据库。

13.1　数据准备

13.1.1　导出黄土高原土壤类型属性表

13.1.1.1　导入黄土高原的土壤类型数据

　　启动 ArcMap，点击 "Add Data" 工具，选择数据文件 chp13 中的 "soil_type" 进行添加（图 13.1、图 13.2）。

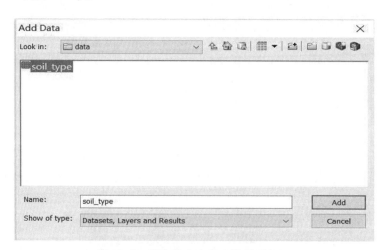

图 13.1　导入黄土高原土壤类型数据

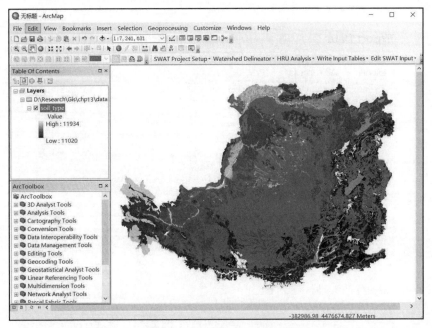

图 13.2　黄土高原土壤类型

13.1.1.2　导出黄土高原土壤类型的属性表

土壤重分类需要获取每一类土壤的序号、土壤信息、栅格数等数据，这些数据在黄土高原土壤类型图层中的属性表中有统计（图 13.3）。右击"soil_type"，选择"Data"，选择"Export data"，选择保存路径并更改文件名（图 13.4）。

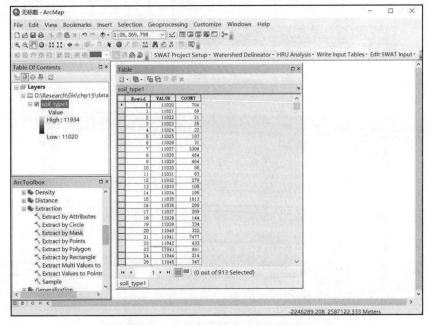

图 13.3　黄土高原土壤类型的属性表

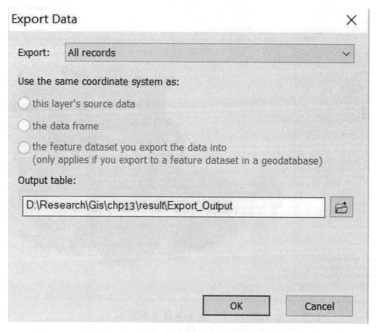

图 13.4　导出黄土高原土壤类型属性表

13.1.1.3　查看黄土高原土壤类型分类表格

基于上一步骤保存的路径，找到 Export_Output. dbf 文件，并用 Excel 电子表格软件打开（图 13.5）。

图 13.5　Excel 打开的黄土高原土壤类型数据

13.1.2　导出 SWAT 土壤数据库属性表

点击"SWAT Project Setup",选择"New SWAT Project"创建 SWAT 工程文件,在"Personal Geodatabase Name(＊.mdb)"中选择好保存路径(图 13.6)。

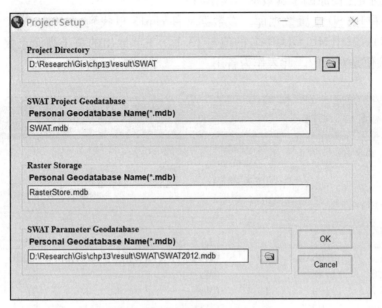

图 13.6　创建 SWAT 工程文件

按上一步保存的路径,找到新建的 SWAT 工程文件夹,点击"SWAT2012.mdb"数据库。找到 usersoil 表(图 13.7),导出为 Excel 备用。(准备好 usersoil 表)

图 13.7　SWAT 模型的 usersoil 表格

13.1.3 土壤数据的整理

黄土高原土壤类型数据与 SWAT 中自带土壤数据库的数据不一致，所以需要依据 HWSD 土壤数据库对黄土高原土壤类型数据建立一个索引关系，让 SWAT 中自带土壤数据库能够识别黄土高原的土壤数据。操作如下：

（1）查看 HWSD 土壤数据库。在数据文件 chp13 里找到"HWSD"文件，双击打开（图 13.8）。其中 MU_GLOBAL 的值与 13.1.1.3 节导出的黄土高原土壤类型属性表中的 VALUE 值是对应的，此表作为备用。

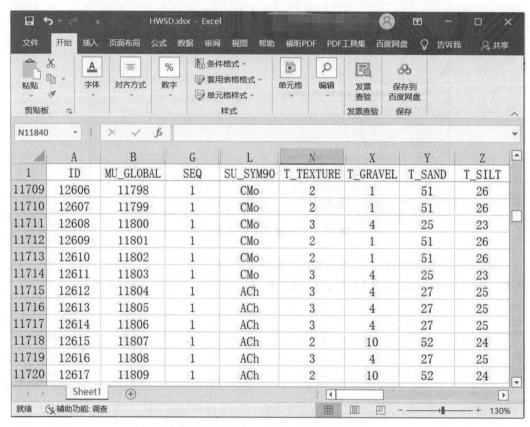

图 13.8 HWSD 文件的土壤属性表内容

（2）补充土壤类型名称。基于黄土高原土壤类型属性表中的 VALUE 值（图 13.5），对照 HSWD 里 MU_GLOBAL 值（图 13.9），将 HSWD 里相对应的 SU_SYM90 值摘录在土壤类型属性表中，SU_SYM90 表征土壤类型的英文名称缩写。

图 13.9　黄土高原土壤类型属性表 VALUE 值与 HSWD 中 MU_GLOBAL 值

（3）土壤类型中文名称的查找。土壤类型属性表在基于 SU_SYM90 值完成土壤类型名称填写后，可查找数据文件 chp13 中"HWSD 数据库土壤中文名称"查询其对应的中文含义，如图 13.10 所示。

代码	HWSD英文名称	名称缩写	翻译名称	土壤分组
2	Eutric Fluvisols	FLe	饱和冲积土	冲积土（FLUVISOLS）
3	Calcaric Fluvisols	FLc	石灰性冲积土	冲积土（FLUVISOLS）
6	Umbric Fluvisols	FLu	暗色冲积土	冲积土（FLUVISOLS）
8	Salic Fluvisols	FLs	盐化冲积土	冲积土（FLUVISOLS）
10	Eutric Gleysols	GLe	饱和潜育土	潜育土（GLEYSOLS）
11	Calcic Gleysols	GLk	钙积潜育土	潜育土（GLEYSOLS）
14	Mollic Gleysols	GLm	松软潜育土	潜育土（GLEYSOLS）
16	Thionic Gleysols	GLt	酸性硫酸盐潜育土	潜育土（GLEYSOLS）
17	Gelic Gleysols	GLi	冰冻潜育土	潜育土（GLEYSOLS）
19	Haplic Acrisols	ACh	简育低活性强酸土	低活性强酸土（ACRISOLS）
20	Ferric Acrisols	ACf	铁质低活性强酸土	低活性强酸土（ACRISOLS）
21	Humic Acrisols	ACu	腐殖质低活性强酸土	低活性强酸土（ACRISOLS）
22	Plinthic Acrisols	ACp	聚铁网纹低活性强酸土	低活性强酸土（ACRISOLS）
25	Haplic Alisols	ALh	简育高活性强酸土	高活性强酸土（ALISOLS）
26	Ferric Alisols	ALf	铁质高活性强酸土	高活性强酸土（ALISOLS）
28	Plinthic Alisols	ALp	聚铁网纹高活性强酸土	高活性强酸土（ALISOLS）
29	Stagnic Alisols	ALj	滞水高活性强酸土	高活性强酸土（ALISOLS）
32	Haplic Andosols	ANh	简育火山灰土	火山灰土（ANDOSOLS）
34	Umbric Andosols	ANu	暗色火山灰土	火山灰土（ANDOSOLS）
39	Haplic Arenosols	ARh	简育砂性土	砂性土（ARENOSOLS）
40	Cambic Arenosols	ARb	过渡性红砂土	砂性土（ARENOSOLS）
41	Luvic Arenosols	ARl	粘化砂性土	砂性土（ARENOSOLS）
43	Albic Arenosols	ARa	漂白砂性土	砂性土（ARENOSOL3）
44	Calcaric Arenosols	ARc	石灰性砂性土	砂性土（ARENOSOLS）
46	ANTHROSOLS	AT	人为土	人为土（ANTHROSOLS）
47	Aric Anthrosols	ATa	干旱土	人为土（ANTHROSOLS）
48	Cumulic Anthrosols	ATc	人为堆积土	人为土（ANTHROSOLS）
49	Fimic Anthrosols	ATf	人为肥熟	人为土（ANTHROSOLS）
52	Haplic Chernozems	CHh	简育黑钙土	黑钙土（CHERNOZEMS）

图 13.10　土壤类型中文名称

对黄土高原土壤类型进行整理并添加中文名称后的结果如图 13.11 所示。

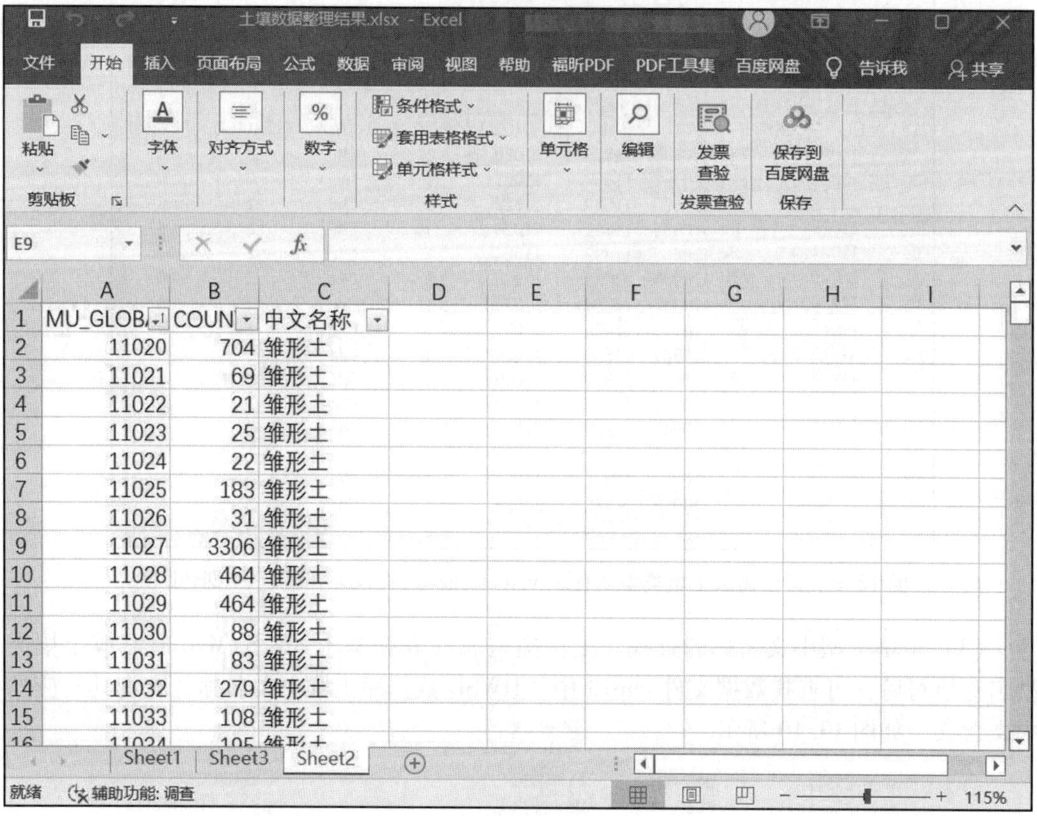

	A	B	C
1	MU_GLOB	COUN	中文名称
2	11020	704	雏形土
3	11021	69	雏形土
4	11022	21	雏形土
5	11023	25	雏形土
6	11024	22	雏形土
7	11025	183	雏形土
8	11026	31	雏形土
9	11027	3306	雏形土
10	11028	464	雏形土
11	11029	464	雏形土
12	11030	88	雏形土
13	11031	83	雏形土
14	11032	279	雏形土
15	11033	108	雏形土

图 13.11　土壤类型数据整理结果

13.2　土壤的重分类

土壤数据类型繁多且数据量大，不便于后续的计算与分析，因此需要对土壤类型数据进行重分类，将同类土壤合并以减少种类，方便后续的计算与分析。

13.2.1　计算土地类型占比

在表格中对土壤属性重新分类。从添加中文后的土壤类型数据整理结果（见 13.1.3 节）可知，一种土壤类型对应了数个 VALUE 值。因此需要采用占比最大法对土壤类型进行重分类，找出属于同一土壤分组中占比最大的 VALUE 值，并将该分组内的所有土壤记为此 VALUE 值。得到重分类后的土壤类型数据表格如图 13.12 所示。

序号	VALUE	COUNT	NAME
1	11052	2621	淋溶土
2	11081	3403	人为土
3	11112	612	黑土
4	11158	8959	栗钙土
5	11262	13425	钙积土
6	11271	1305	石膏土
7	11328	88229	雏形土
8	11349	501	变性土
9	11355	18154	砂性土
10	11359	2027	潜育土
11	11371	374	火山灰土
12	11385	4959	薄层土
13	11400	11831	岩性土
14	11518	6435	冲积土
15	11551	79	有机土
16	11555	4567	盐土
17	11671	58	强酸土
18	11928	544	其他

图 13.12　重分类后的土壤类型表格

13.2.2　土壤重分类

打开 Reclassify 功能。对所有数据在属性表内进行分类之后，双击"ArcToolbox"工具箱，点击"Spatial Analyst Tools"，点击"Reclass"选择"Reclassify"功能。依据重分类后的土壤类型表格（图 13.12），将原来土壤的"Old values"值替换成同类土壤中占比最大土壤的"New values"值。选择输出路径并更改文件名为"soil_refy"（图 13.13）。

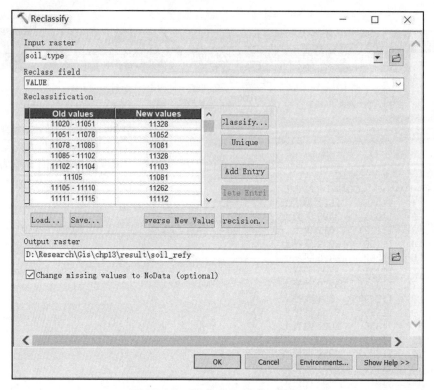

图 13.13　Reclassify 计算对话框

重分类后的结果后如图 13.14 所示。

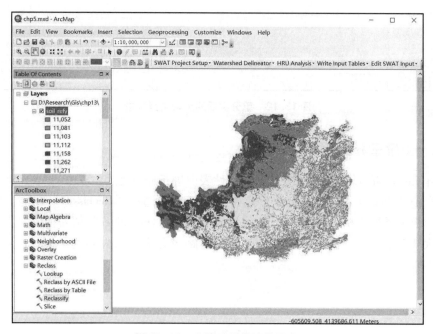

图 13.14　土壤重分类计算结果

13.3　计算土壤属性

13.3.1　土壤属性参数解释

将重分类后的土壤类型表格数据（图 13.12）粘贴到 usersoil 表（图 13.7）中（图 13.15），各项参数解释如下（以下 HSWD 表指已经重分类并摘录出相关参数信息的表）：

（1）OBJECTID、MUID、SEQN（不要超过 4 个字段）、S5ID 、CMPPCT 无实际意义，可任意填写。

（2）SNAM：土壤的名称，可以填写土壤分组英文名称。

（3）NLAYERS：土壤层数，根据土壤分层确定。

（4）HYDGRP：水文分组，根据最小渗透率确定。

（5）SOL_ZMX：土壤剖面最大根系深度，默认 1000，也可以填 HSWD 里 REF_DEPTH * 10（单位换算，SWAT 单位 mm。HSWD 单位 cm）。

（6）ANION_EXCL：阴离子交换孔隙度（默认 0.5）。

（7）SOL_CRK：土壤剖面潜在或最大裂隙体积（默认 0.5）。

（8）TEXTURE：土壤层结构（可根据 SPAW 的结果确定）。下面是第一层土壤的数据，后面的数字代表第几层，HSWD 里显示有几层，则需要填到后缀字母相同为止，1 对应 T，2 对应 S。

（9）SOL_Z1：表层到底层的深度，注意这里要看土壤分几层，一般如果前述 SOL_ZMX 是 1000 mm 且土壤分为两层，那么第一层一般写 300 mm，第二层写 1000 mm。

（10）SOL_BD1：土壤湿容重，采用 HSWD 表里的（T_REF_BULK_DENSITY）对应的值。

（11）SOL_AWC1：土壤可利用水量（SPAW 计算）。

（12）SOL_K1：饱和水力传导系数（SPAW 计算）。

（13）SOL_CBN1 ：有机碳含量，采用 HSWD 表里的（T_OC）。

（14）CLAY1：黏土，采用 HSWD 表里的（T_CLAY）。

（15）SILT1：粉土，采用 HSWD 表里的（T_SILT）。

（16）SAND1：沙土，采用 HSWD 表里的（T_SAND）。

（17）ROCK1 ：砾石，采用 HSWD 表里的（T_GRAVEL）。

（18）SOL_ALB1 ：地表反照率（默认 0.01）。

（19）USLE_K1：USLE 方程中的可蚀性因子（计算）。

（20）SOL_EC1：电导率，采用 HSWD 表里的（T_ECE）。

注：（14）（15）（16）条需要进行粒径转换，三者之和应为 100。

除需要通过计算的，可将 HSWD 表里的数据粘贴到导出的 usersoil 表中。

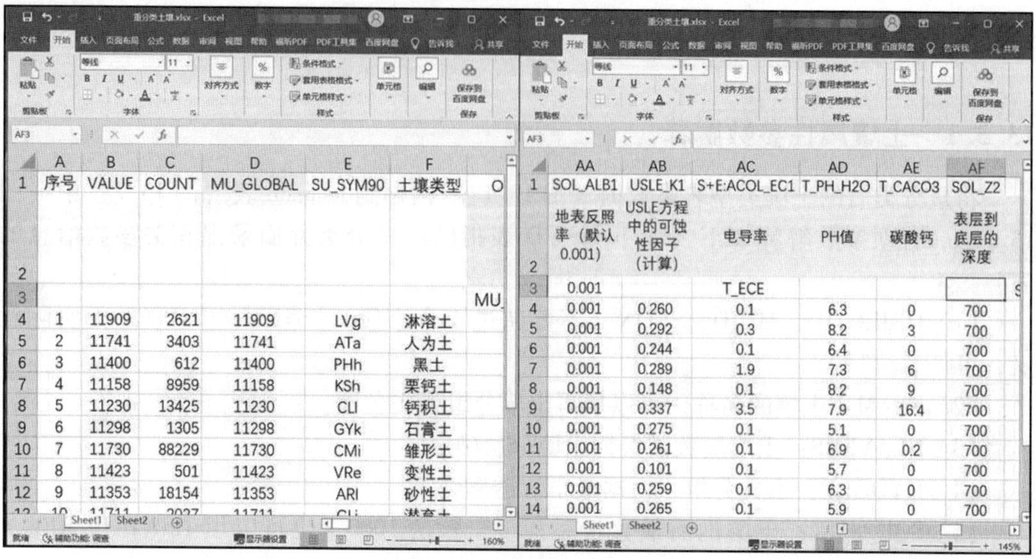

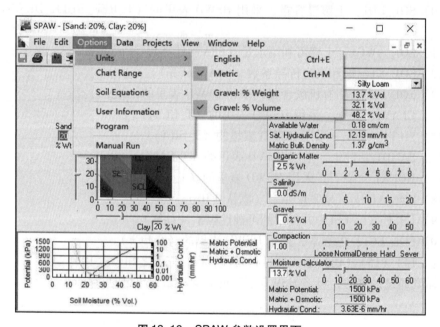

图 13.15　土壤数据计算表

13.3.2　计算 TEXTURE、SOL_BD、SOL_AWC、SOL_K

根据土壤层数分别计算，TEXTURE 对应填写土壤质地，用英文首字母缩写表示，土壤层之间用"–"连接，以第一层的计算为例。打开 SPAW 软件进行土壤属性参数运算（见数据文件 chp13，点击 SPAW 运行）。

（1）点击"options"，选择"Units"下面的"Metric"和"Volume"（图 13.16）。

图 13.16　SPAW 参数设置界面

（2）根据前面填写的各个参数，在对应属性栏中分别填入有机碳含量、沙土含量、黏土含量、砾石含量和电导率，按回车键进行计算（图 13.17）。

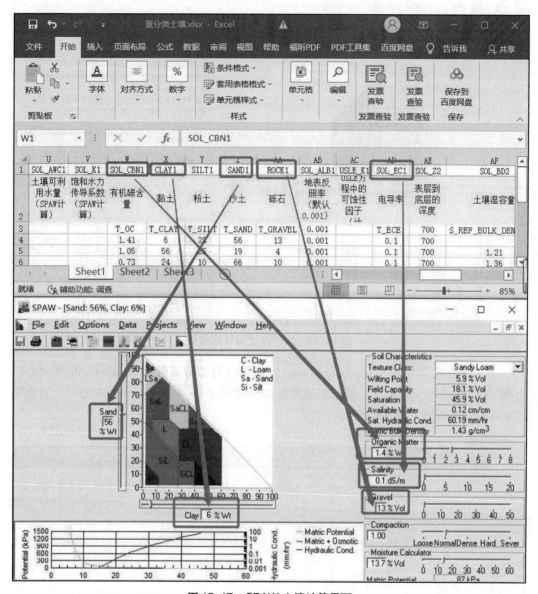

图 13.17　SPAW 土壤计算界面

（3）计算得到有效含水量（Available Water）、饱和水力传导系数（Sat Hydraulic Cond）、土壤层类型（Texture Class）数据（图 13.18）。

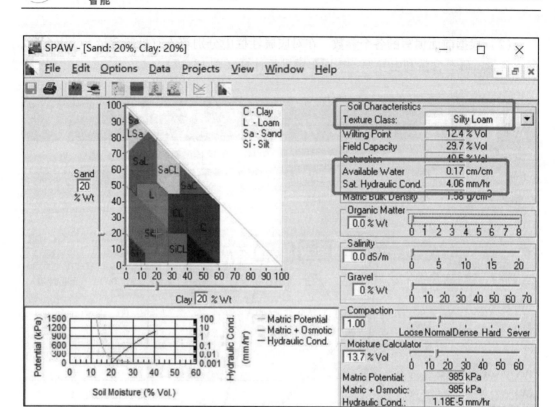

图 13.18 SPAW 土壤计算结果

（4）将有效含水量（Available Water）、饱和水力传导系数（Sat Hydraulic Cond.）、土壤层类型（Texture Class）数据填进重分类土壤的表格（图 13.15）中即可，后面第二层计算方式相同（图 13.19）。

	OBJECTID	SEQN	SNAM	NLAYERS	HYDGRP	SOL_ZMX	NION_EXC	SOL_CRK	TEXTURE	SOL_Z1	SOL_BD1	SOL_AWC1	SOL_K1	SOL_CBN1	CLAY1
1	任意	任意	土壤的名称	土壤层数（根据土壤分层确定）	水文分组（根据最小渗透率确定）	面层最大根系深度	阴离子交换孔度（默认0.5）	面潜在成最大裂隙体积（默认0.5）	土壤层结构（可根据SPAW的结果）	表层到底层的深度	土壤湿容量	土壤可利用水量（SPAW计算）	饱和水力传导系数（SPAW计算）	有机碳含量	黏土
3	MU_GLOBAL	SEQ	SU_SYM90	T_TEXTURE		1000	0.5	0.5		300	:F_BULK_DENS	Available Water	Sat Hydraulic Cond	T_OC	T_CLAY
4	11746	1	LPi	2		1000	0.5	0.5	Sandy Loam	300	1.61	0.12	60.19	1.41	6
5	11433	1	VRe	3		1000	0.5	0.5	Sandy Loam	300	1.22	0.11	46.59	1.05	56
6	11775	1	FRx	2		1000	0.5	0.5	Sandy Clay Loam	300	1.43	0.08	9.34	0.73	24
7	11740	1	CMi	2		1000	0.5	0.5	Loam	300	1.39	0.13	5.16	2.02	20
8	11240	1	CL1	1		1000	0.5	0.5	Sandy Loam	300	1.57	0.05	42.32	0.32	11
9	11410	1	PHh	2		1000	0.5	0.5	Loam	300	1.38	0.14	15.07	1.95	23
10	11370	1	ANh	2		1000	0.5	0.5	Loam	300	1.38	0.17	33.59	6.74	21
11	11168	1	KSh	2		1000	0.5	0.5	Loam	300	1.39	0.13	8.62	1.2	21
12	11919	1	LVg	2		1000	0.5	0.5	Loam	300	1.39	0.11	7.56	0.83	24
13						1000	0.5	0.5		300					
14	11721	1	GLi	2		1000	0.5	0.5	Loam	300	1.43	0.14	11.03	3.14	17
15	11818	1	ACu	3		1000	0.5	0.5	Clay	300	1.25	0.11	0.52	3.07	50
16	11751	1	Ata	2		1000	0.5	0.5	Loam	300	1.41	0.12	10.14	1.15	19
17	11363	1	AR1	2		1000	0.5	0.5	Sand	300	1.7	0.04	90.23	0.43	5
18	11308	1	GYk	2		1000	0.5	0.5	Silty Loam	300	1.38	0.15	21.24	0.41	22
19	11397	1	RGe	2		1000	0.5	0.5	Loam	300	1.43	0.09	8.66	0.96	19
20	11549	1	SCg	2		1000	0.5	0.5	Loam	300	1.39	0.11	6.88	0.42	21
21	11553	1	HSf	1		1000	0.5	0.5	Silty Clay	300	1.26	0.14	13.67	33.63	40

图 13.19 土壤属性计算结果

13.3.3　水文分组 HYDGRP 的计算

根据土壤平均粒径分层计算土壤下渗率，若最小下渗率出现在土层上层且深度小于 500 mm 时，则参考正常标准（表 13.1）；若最小下渗率出现在土层上层深度 500 ～ 1000 mm 时，则将土壤水文单元上调一类，即由 B 调至 A；若最小下渗率出现在土层上层深度 1000 mm 之下，则基于 1000 mm 之上的土壤下渗率来划分水文分组。但一般为方便计算，最小下渗率查阅表格选择分组即可。根据土壤中含沙量 Z（%）分别计算土壤各层的平均颗粒粒径 Y，然后计算下渗率 X，取其中最小的 X 作为最小下渗率，考虑两个公式：

$$Y = \frac{Z}{10 \times 0.03} + 0.002$$

$$X = (20 \times Y)^{1.8}$$

当沙粒含量为 0 时，Y 取 0.01 mm；当沙粒含量为 100% 时，Y 取 0.3 mm；黏土含量为 100% 时，Y 取 0.002 mm。

表 13.1　水文分组

划分标准	水文组分类			
	A	B	C	D
表层饱和导水率 / (mm/h)	>245	84 ～ 254	8.4 ～ 84	<8.4
土壤最小下渗率	7.6 ～ 11.4	3.8 ～ 7.6	1.3 ～ 3.8	0 ～ 1.3

13.3.4　计算 USLE_K1 可蚀性因子

土壤可蚀性因子（K_{UELE}）的计算按照下面公式。其中 m_{silt} 表示粉土（silt）含量，m_c 表示黏土（clay）含量，ρ_{orgc} 表示有机质含量，m_s 表示沙粒（sand）含量。

$$K_{UELE} = f_{csand} \times f_{cl-si} \times f_{orgc} \times f_{hisand}$$

$$f_{csand} = 0.2 + 0.3 \times e^{\left[-0.0256 \times m_s \times \left(1 - \frac{m_{silt}}{100}\right)\right]}$$

$$f_{cl-si} = \left(\frac{m_{silt}}{m_c + m_{silt}}\right)^{0.3}$$

$$f_{orgc} = 1 - \frac{0.25 \times \rho_{orgc}}{\rho_{orgc} + e^{(3.72 - 2.95\rho_{orgc})}}$$

$$f_{hisand} = 1 - \frac{0.7 \times \left(1 - \frac{m_s}{100}\right)}{\left(1 - \frac{m_s}{100}\right) + e^{\left[-5.51 + 22.9 \times \left(1 - \frac{m_s}{100}\right)\right]}}$$

13.3.5　导入土壤数据库

点击 "SWAT Project Setup" 选择 "Open SWAT Map Document…"（图 13.20）。

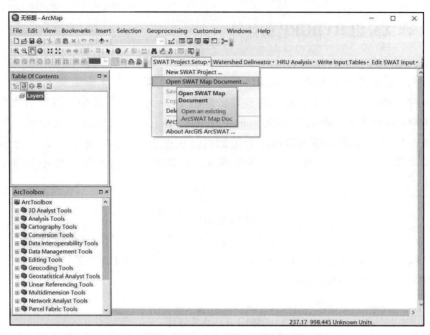

图 13. 20　打开 "Open SWAT Map Document…"

依据 13. 1. 2 节中所建立的 SWAT 工程保存路径，找到 "SWAT. mxd" 文件并选择，点击 "OK"（图 13. 21）。

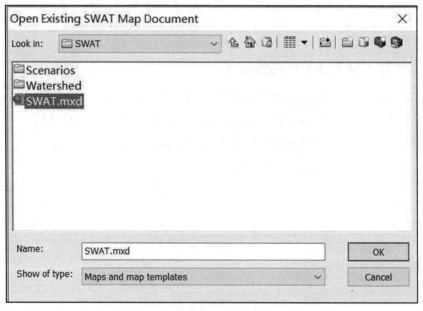

图 13. 21　打开 SWAT 数据库

在 SAWT 菜单栏选择"Edit SWAT Input"中的"Databases"进行点击（图 13.22），即可打开 Edit SWAT Databases 操作界面。

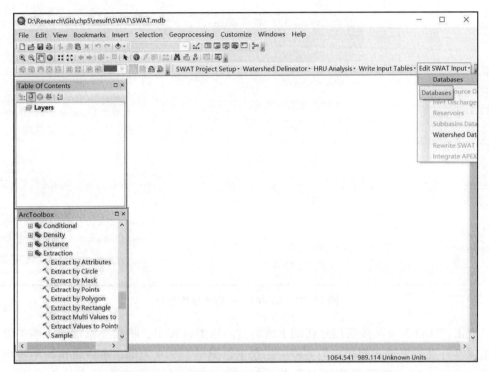

图 13.22   打开"Edit SWAT Input"中的"Databases"

在弹出的 Edit SWAT Databases 操作界面中选择"User Soils"，点击"OK"（图 13.23）。

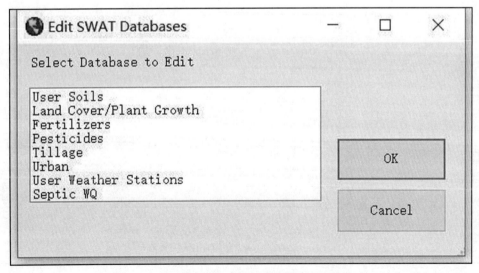

图 13.23   Edit SWAT Database 界面

在弹出的 User Soils Edit 操作窗口即可输入需要添加的土壤类型（图 13.24）。

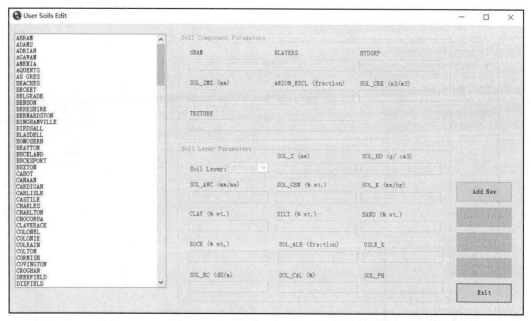

图 13.24　User Soils Edit 操作窗口

点击"Add New"按钮创建新的土壤类型。添加过程中，将需要添加的土壤类型的土壤属性计算结果输入到相应的方框中。这里以编号 11919 为例，本章将该类型土壤用 YYJYJ 字母表征（表征名称可自行修改），将土壤属性参数输入对应的方框中（图 13.25）。

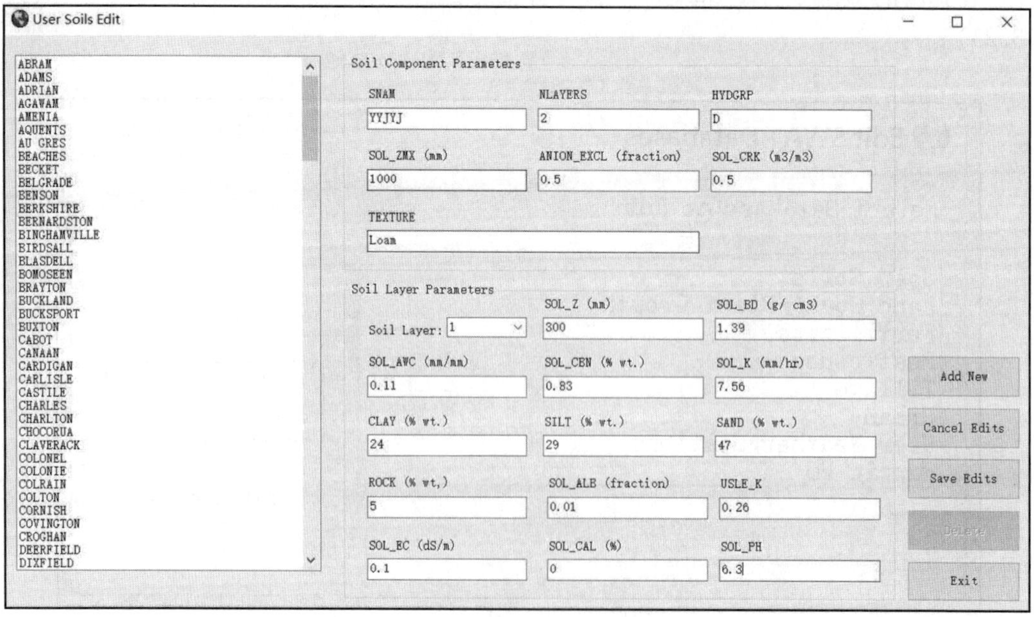

图 13.25　新建土壤类型操作窗口

输入完毕后点击"Save Edits"即可保存在数据库中（图 13.26）。

图 13.26　数据库中显示存入新的土壤类型数据

用 13.1.2 节新建 SWAT 工程路径下的 SWAT2012. mbd 文件（图 13.27）替换 ArcSWAT 安装路径下的同名文件（图 13.28）即可完成土壤数据库的建立。

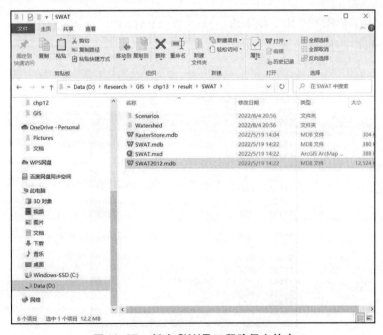

图 13.27　新建 SWAT 工程路径文件夹

图 13.28　安装路径文件夹

13.4　建立土壤类型索引表

新建一个 txt 文件，在该文件中将土壤类型"VALUE"与"NAME"一一对应，如图 13.29 所示。

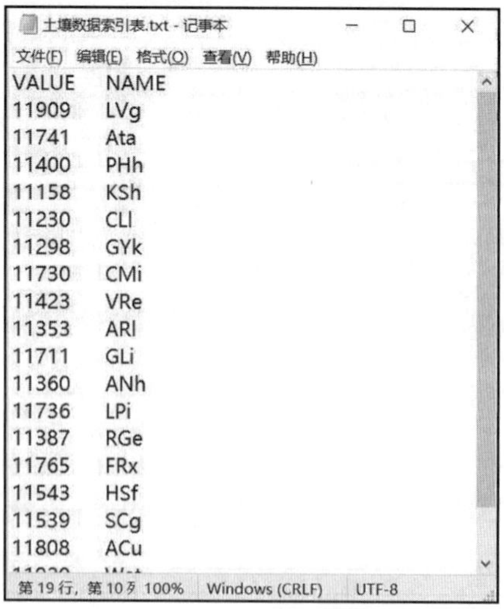

图 13.29　土壤类型索引表

本章参考文献

［1］ 姜晓峰，王立，马放，等.SWAT 模型土壤数据库的本土化构建方法研究 ［J］.中国
　　　 给水排水，2014，30（11）：135－138.

［2］ 陶鸿斌，汪文飞.基于 GIS 分析土壤侵蚀过程中氮磷流失分布：以定西市安定区为
　　　 例 ［J］.绿色科技，2018（24）：15－17，19.

第14章　流域水文响应单元的划分

14.1　流域划分

14.1.1　创建 SWAT 工程

14.1.1.1　打开 ArcSWAT 模块

启用 ArcMap，在空白处右击打开菜单栏，点击"ArcSWAT"选项，即打开 Arc SWAT模块（图 14.1）。

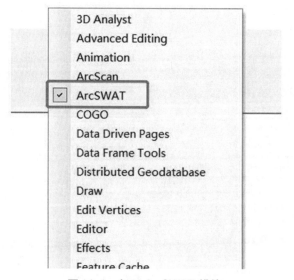

图 14.1　打开 ArcSWAT 模块

14.1.1.2　新建 SWAT 工程

（1）点击"SWAT Project Setup"选择"Project Setup"。

（2）在"Project Directory"文本框中设定项目保存路径。

（3）在"Personal Geodatabase Name（*.mdb）"文本框中设定数据库名称。

（4）在"Raster Storage"下文本框中设定栅格存储路径。

（5）在"SWAT Parameter Geodatabase"下文本框中选择 SWAT 参数数据库（图 14.2）。

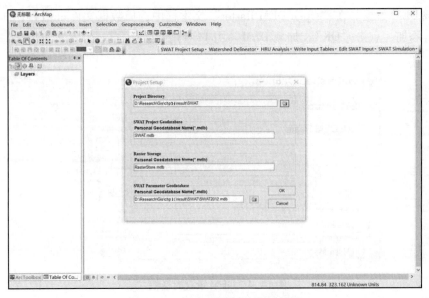

图 14.2 新建 SWAT 工程对话框

14.1.2 DEM 设置

打开流域划分操作界面。在 Watershed Delineation 下拉菜单中选择 "Watershed De-lineation",进入流域划分操作界面(图 14.3)。该操作界面中由 5 个部分组成,分别为 DEM 设置、河网定义、Outlet 和 Inlet 定义、流域出口选择与定义以及子流域参数计算。

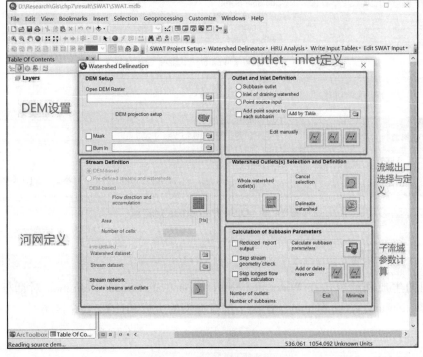

图 14.3 流域划分操作界面

加载 DEM 数据。在"Open DEM Raster"文本框中选择数据文件 chp14 中的"dem"数据进行添加，点击"OK"，加载 DEM（图 14.4）。

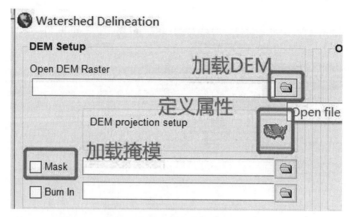

图 14.4　DEM 设置对话框

定义 DEM 属性。点击"DEM projection setup"（图 14.5）。在弹出的 DEM Properties 对话框中的 Z Unit 文本框中选择单位为 meter。

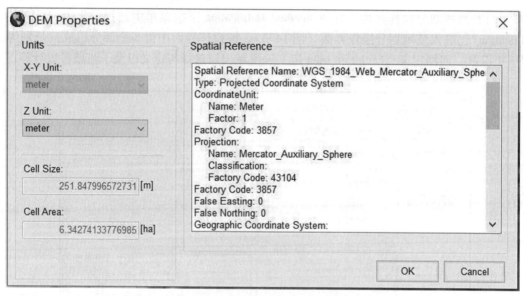

图 14.5　DEM Properties 对话框

14.1.3　定义河网

河网的生成和计算。在 Watershed Delineation 中的 Stream Definition 对话框下选择"Flow direction and accumulation"模块，进行河网的生成和计算（图 14.6）。

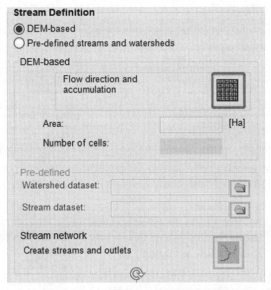

图 14.6　河网的生成与计算对话框

生成 Area 阈值。上一步"Flow direction and accumulation"运行完成后也进行了 Area 计算（图 14.7）。可以根据与实际河网的匹配对生成的 Area 阈值进行修改，该值越小，划分的河网就会越详细。

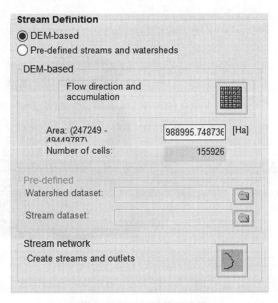

图 14.7　Area 阈值的生成

Area 阈值取整。通常按照参考值取整即可，更改 Area 阈值后，点击"Create streams and outlets"以生成新的河网（图 14.8）。

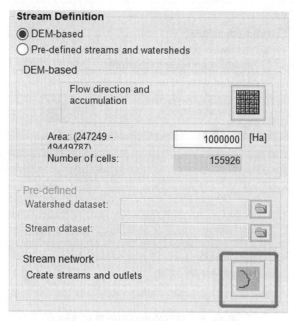

图14.8　Area 阈值的更改与划分河流

生成河网，结果如图 14.9 所示。

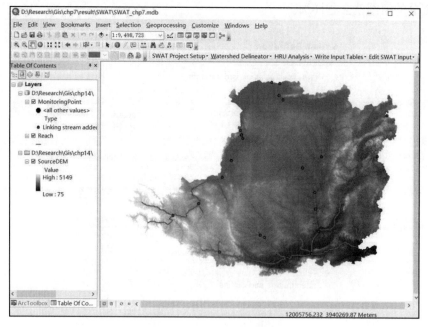

图14.9　河网生成结果

14.1.4　流域出口的指定与子流域的划分

流域出口指定。在 Watershed Delineation 中的 Watershed Outlets（s）Selection and Definition 的对话框下选择"Whole watershed outlet（s）"模块，进入图层界面进行手动选择流域总出口（图 14.10）。

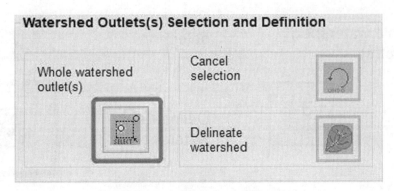

图 14.10　流域出口选择对话框

在地图中选择流域出口。可用鼠标左键框选一个或多个出口，选中后点击"确定"即可。本章选择的是流域总出口（图 14.11）。

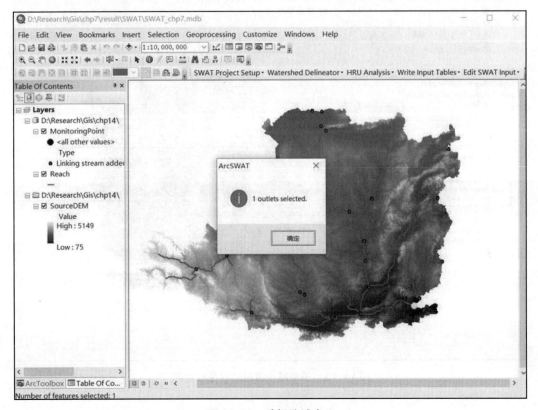

图 14.11　选择流域出口

子流域划分。选择流域总出口后，点击对话框中的"Delineate watershed"按钮，如图 14.12 所示，即可进行子流域的划分计算。结果如图 14.13 所示。

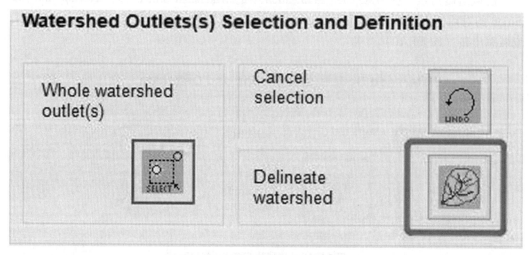

图 14.12　子流域的划分计算对话框

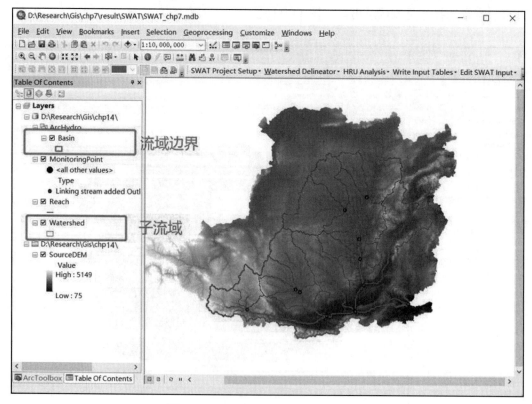

图 14.13　子流域及流域边界生成结果

14.1.5　计算子流域参数

参数计算。在 Watershed Delineation 中的"Calculation of Subbasin Parameters"对话框选择"Calculate subbasin parameters"模块进行子流域各参数的计算（图 14.14）。

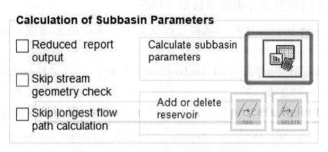

图 14.14　子流域各参数计算模块

查看结果。计算完毕，结果如图 14.15 所示。计算完成之后可以在"Watershed Delineator"里点击"Topographic Report"查看之后的地形数据报告。

图 14.15　子流域参数的计算结果

14.2　SWAT 中水文响应单元（HRU）的划分

本章需要的数据主要为重分类后的土壤类型数据和土地利用数据，以及其在 SWAT

中相对应的索引表（具体完成步骤见第 11 章和第 12 章）。以上数据的平面坐标系需要与 DEM 数据保持一致。

14.2.1 统一坐标系

14.2.1.1 统一土壤类型重分类栅格数据坐标系。

（1）点击"Add Data"工具，选择数据文件 chp14 中的土壤重分类数据"soil_refy"进行加载。

（2）点击"ArcToolbox"，启动 ArcToolbox 工具箱，打开"Data Management Tools"，点击"Project Raster"工具。

（3）在"Input Raster"中选择"soil_refy"，在"Output Raster Dataset"中选择好数据保存路径，在"Output Coordinate System"中选择"Spatial Reference Properties"（图 14.16）。

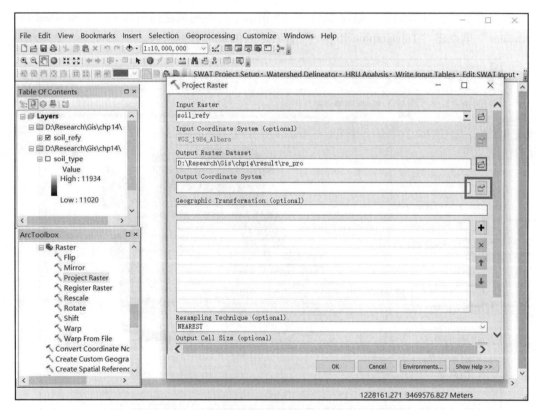

图 14.16　土壤类型重分类数据坐标系统一操作界面

（4）在 Spatial Reference Properties 中导入 DEM 坐标系，点击"Add"完成在"Output Coordinate System"中添加 DEM 坐标系作为土壤重分类数据（soil_refy）的转换目标（图 14.17），点击"OK"完成坐标系统一。

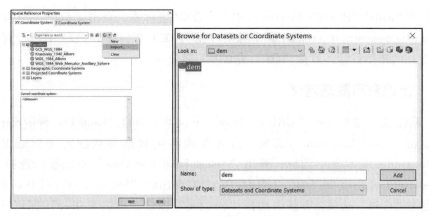

图 14.17　选取 DEM 数据坐标系作为转换参考

14.2.1.2　统一土地利用重分类栅格数据坐标系

（1）点击"Add Data"工具，选择数据文件 chp14 中的土地利用重分类栅格数据"cfl"进行加载。

（2）点击"ArcToolbox"，启动 ArcToolbox 工具箱，打开"Data Management Tools"，点击"Project Raster"工具。

（3）在"Input Raster"中选择"cfl"，在"Output Raster Dataset"中选择好数据保存路径，在"Output Coordinate System"中选择"Spatial Reference Properties"（图 14.18）。

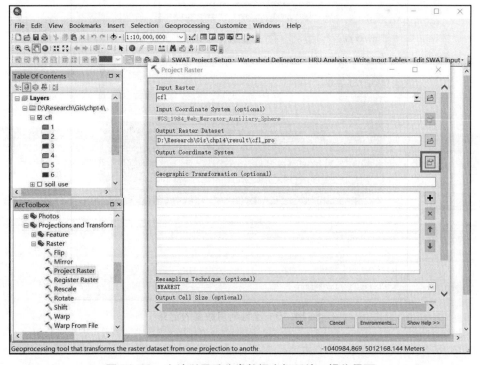

图 14.18　土地利用重分类数据坐标系统一操作界面

（4）在 Spatial Reference Properties 中导入 DEM 坐标系，点击"Add"完成在"Output Coordinate System"中添加 DEM 坐标系（见 14.2.1 节，图 14.17）作为土壤重分类数据（cfl）的转换目标，点击"OK"完成坐标系统一。

14.2.2　土地利用数据定义

在 SWAT 菜单栏中选择"HRU Analysis"下拉菜单中的"Land Use/Soil/Slop Definition"，点击"Land Use Data"选项，进入土地利用数据参数的定义对话框。点击"Land Use Grid"文本框中图标，弹出"Select Land Use Data"对话框，选择"Select Land Use layer（s）from the map"（图 14.19）。在弹出的"Select layer（s）from map"界面中，点击"Grid"选项，并从中选择"cfy_pro"图层，点击"Open"即可选择已有图层中已统一坐标系的土地利用数据（图 14.20）。结果如图 14.21 所示。

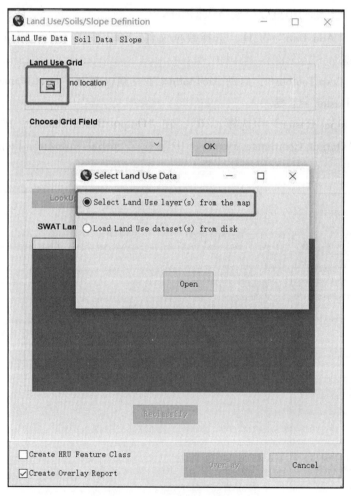

图 14.19　土地利用数据的定义

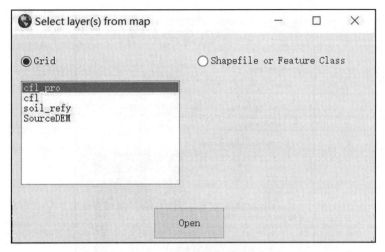

图 14.20　土地利用数据的定义

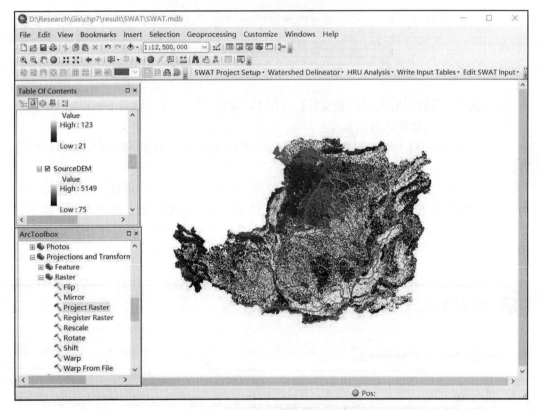

图 14.21　土地利用数据导入结果

在 Land Use/Soil/Slop Definition 中的 "Choose Grid Field" 文本框中选择分类字段为 VALUE，点击 "OK"。Table 表中会显示出每一类土壤分类的 VALUE 值和占比（图 14.22）。点击 "LookUp Table" 按钮，在打开的对话框中选择 "User Table"，点击 "OK"（图 14.22）。

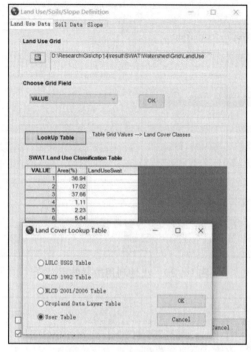

图 14.22　字段分类的选择

　　根据第 12 章的土地利用数据索引表（图 12.10），将 VALUE 值与 LandUseSwat 代码一一对应，建立与数据库的关系：

　　（1）双击每一行土地利用数据中的 LandUseSwat 的空格，弹出 SWAT Land Use 操作界面。

　　（2）在下拉菜单中选择该类土地利用数据与对应的土地利用类型，这里以第一类为例：由第 12 章土地利用数据集分类表（图 12.5）得知，第一类土地为耕地，属于农业用地，在"Land Cover Database"下拉菜单中选择"crop"类，点击"OK"，操作如图 14.23 所示。

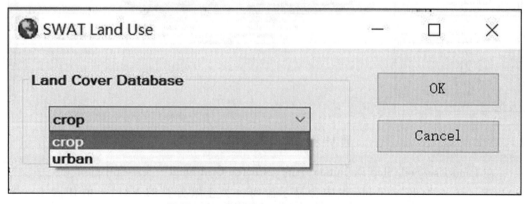

图 14.23　SWAT Land Use 操作界面

（3）在弹出的 SWAT-Land Cover/Plant 操作界面中选择与土地利用数据索引表对应的代码。由土地利用数据索引表（图12.10）可知，第一类代码为 AGRL，找到并选中后点击"OK"即可完成匹配，操作如图14.24所示。

所有土地利用数据完成匹配后点击"Reclassify"即可完成土地利用数据的定义（图14.25）。

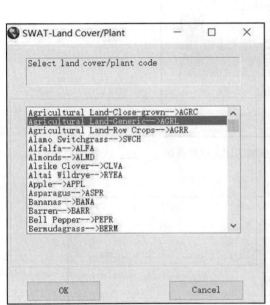

图14.24   Select-Land cover/plant code 操作界面

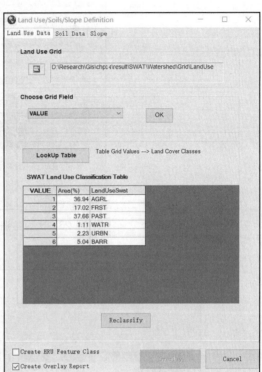

图14.25   土地利用数据的匹配

14.2.3   土壤数据定义

在 SWAT 菜单栏中，选择"HRU Analysis"下拉菜单中的"Land Use/Soil/Slop Definition"，点击"Soil Data"选项，进入土壤数据参数的定义操作界面。点击"Soils Grid"文本框中图标，弹出"Select Soil Data"的对话框，选择"Select Soils layer（s）from the map"（图14.26）。随后弹出 Select layer（s）from map 界面，点击"Grid"选项，并从中选择"soil_pro"图层，点击"Open"即可选择已有图层中已统一坐系的土壤重分类数据，操作如图14.27所示。

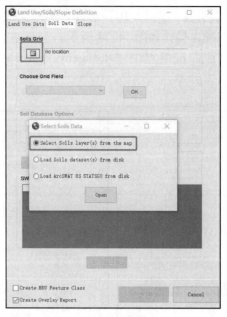

图 14.26　土壤数据参数的定义操作界面

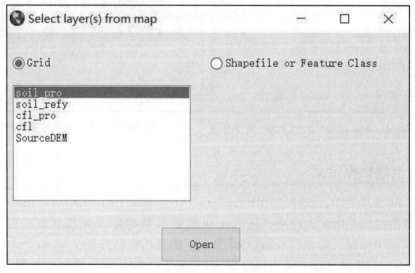

图 14.27　Select layer (s) from map 操作界面

　　在 Land Use/Soil/Slop Definition 中的"Choose Grid Field"文本框中选择分类字段为"VALUE",点击"OK"。Table 表中会显示出每一类土壤分类的 VALUE 值和占比。单击"Soil Database Options"中的"UserSoil"选项,下列"SWAT Soil Classification Table"中会新增空白列,列名为"Name"(图 14.28)。

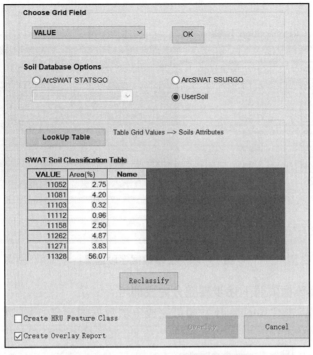

图 14. 28　字段分类选择操作界面

　　根据第 13 章的土壤类型索引表，将 VALUE 值与 Name 代码一一对应，建立与数据库的关系：

　　（1）双击每一行土壤重分类数据中的 Name 的空格，弹出 User Soil 操作界面。

　　（2）在下拉菜单中选择与该类土壤重分类数据对应的土壤代号，这里以第一类为例：由第 13 章的土壤类型索引表（图 13. 29）得知，第一类土壤的代号为 YYLWE，在 Select the soil 下拉列表中找到对应名称，点击"OK"即可完成第一类土壤数据的匹配，操作步骤如图 14. 29 和图 14. 30 所示。

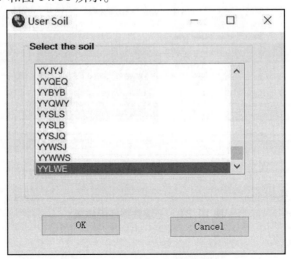

图 14. 29　Use Soil 操作界面

SWAT Soil Classification Table

VALUE	Area(%)	Name
11052	2.76	YYLWE
11081	4.17	
11103	0.33	
11112	0.96	
11158	2.54	
11262	4.87	
11271	3.84	
11328	56.03	

Reclassify

图 14.30　土壤数据字段选择

（3）剩余土壤数据依照上述步骤充分完成即可。

匹配完成后，点击"Reclassify"即可完成土壤数据的定义（图 14.31）。

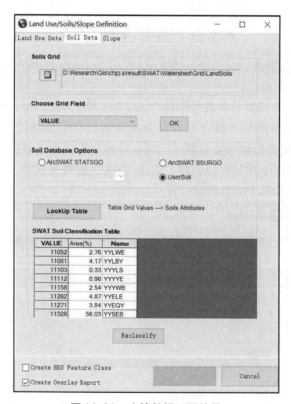

图 14.31　土壤数据匹配结果

14.2.4　坡度定义

点击"Land Use/Soil/Slop Definition"对话框中的"Soil Data"选项，进入土壤数据参数的定义对话框，点击"Slope"文本框。在"Slope Discretization"选择框中选择多级坡度分级（Multiple Slope）；在"Slope Classes"中选择需要分类的层数；在"Current Slope Class"中依次设定每层坡度的最大值，每设置一层，点击一次"Add"（图14.32）。

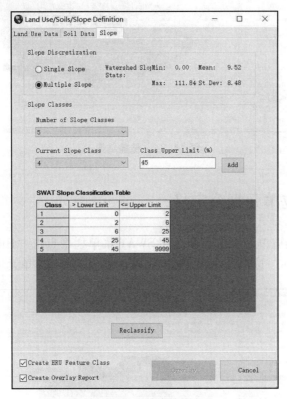

图14.32　坡度的定义

在对土地利用数据、土壤数据、坡度都定义完成后，勾选"Create HRU Feature Class"和"Create Overlay Report"项目，点击"Overlay"选项进行覆盖，操作如图14.33所示，即可完成覆盖，结果如图14.34所示。

图14.33　Overlay 操作界面

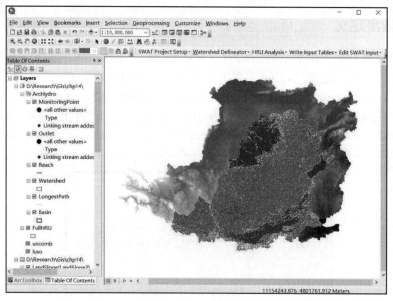

图 14.34　覆盖结果

14.3　水文相应单元划分定义

打开划分水文相应单元操作界面。在 SWAT 菜单栏中点击"HRU Analysis"菜单，点击"HRU Definition"选项，在弹出的对话框中划分水文相应单元（图 14.35）。

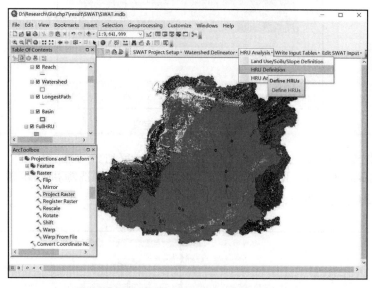

图 14.35　划分水文相应单元操作界面

设置 HRU 值。点击"HRU Thresholds"选项，选中其中的"Multiple HRUs"，按研究实际需要输入比例值。点击"Land Use Refinement（Optional）"选项，对 land use 类

型进行详细划分。上述操作完成后，点击"Create HRUs"选项，完成水文相应单元的划分操作（图 14.36）。

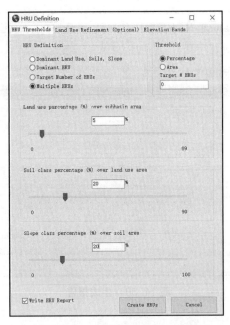

图 14.36　HRU Definition 菜单

生成分析报告。在 SWAT 菜单栏中点击"HRU Analysis"菜单，选择"HRU Analysis Reports"选项（图 14.37）。

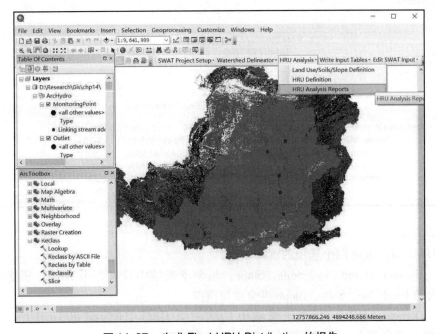

图 14.37　生成 Final HRU Distribution 的报告

在弹出的 HRU Analysis Reports 界面中选择需要生成的分析报告，如图 14.38 和图 14.39 所示。

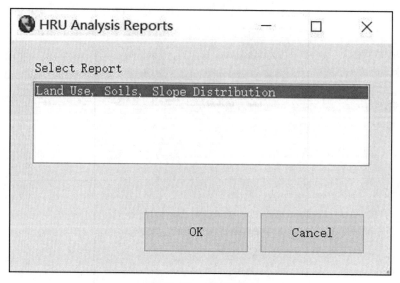

图 14.38　生成报告

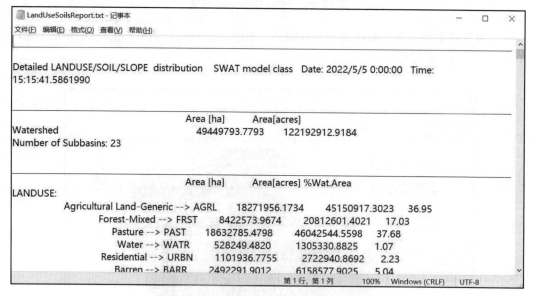

图 14.39　Final HRU Distribution 报告

对 HRU Definition 四个选项的解释如下：

（1）Dominant Land Use，Soils，Slope：每个子流域中只有一个 HRU，子流域里面积比最大的 Land Use、Soils、Slope 将会参与模拟。

（2）Dominant HRU：每个子流域中只有一个 HRU，子流域里 Land Use、Soils、Slope 的唯一组合值中，面积比最大的组合将参与模拟。

（3）Target Number of HRUs：HRU 有数个目标，选中此项，右侧的"Target#RUSs"会启用，可自行选择目标个数。

（4）Multiple HRUs：多目标 HRUs，此时下方的三个数据条会启用，右上侧"Threshold"可以选择百分比还是面积，表示最小阈值，小于相应数的会被合并到其他的里面。